图解 超实用的记忆技巧

吴帝德◎著

国家一级出版社 中国纺织出版社 全国百佳图书出版单位

内 容 提 要

在本书中，我摒弃了同类图书方法分类式的讲解，将记忆方法学习步骤简化，用图文结合的方式，以读者的体验为主，通过考试知识点、职场各类资料、生活琐碎信息等示例，向大家介绍了高效记忆的秘密——发散、转化、动态、连接，帮助大家运用数字编码、记忆宫殿、思维导图等高效思维工具，同时发挥左右脑功能，灵活地将所有记忆技巧融会贯通。对于记忆术的错误理解，我也做了解答，为了让更多学习记忆术的同人少走弯路，我在文后还分享了突破记忆极限的经验谈。掌握最强大脑的秘密，你的人生将会与众不同。

图书在版编目（CIP）数据

图解超实用的记忆技巧／吴帝德著. —北京：中国纺织出版社，2018.9

ISBN 978-7-5180-5049-9

Ⅰ.①图… Ⅱ.①吴… Ⅲ.①记忆术-图解 Ⅳ.①B842.3-64

中国版本图书馆CIP数据核字（2018）第1122063号

策划编辑：郝珊珊　　　　责任印制：储志伟

中国纺织出版社出版发行

地址：北京市朝阳区百子湾东里A407号楼　邮政编码：100124

销售电话：010—67004422　传真：010—87155801

http：//www.c-textilep.com

E-mail：faxing@c-textilep.com

中国纺织出版社天猫旗舰店

官方微博http://weibo.com/2119887771

北京通天印刷有限责任公司印刷　各地新华书店经销

2018年9月第1版第1次印刷

开本：710×1000　1/16　印张：13.5

字数：138千字　定价：48.00元

前 言

我认为，“运动”是世界上一切事物的根本，没有绝对静止的事物。宇宙在膨胀，星球在转动，植物在呼吸，动物在代谢，地球内部在释放能量，电子在分子内部不停地旋转，一切事物都遵循着规律在变化。这本书不是物理课本，这是一本关于大脑、关于记忆力的书，接下来我将要讲到大脑的“运动”。

写这段文字的时候我正坐在高铁上听着音乐，看着窗外的醉人红叶、湛湛蓝天、悠悠白云以及忽隐忽现的民居。我特别享受边移动边看风景边思考的运动状态，这像是一种给大脑充电的过程，其间灵感会像泉水般地涌现。我们大部分时间生活在千篇一律的忙碌状态中，为工作、为生活去同样的地点做同样的事情，慢慢地，大脑逐渐适应了这种惯性，我们便开始靠这种在忙碌状态中建立的条件反射或者本能去执行工作，这时，大脑开始呈浅思考状态，甚至越来越懒惰。

当你对自己的记忆力开始缺乏信心的时候，说明你的大脑目前的思考方式不足以完美地解决工作、学习或者生活中遇到的问题，你可能需要了解一些新的思考方式。举个简单的例子，试想在一个宴会上你认识了几个新朋友，其中一位姓蒋的先生希望和你有生意上的合作，宴会过后你想再深入和他交流的时候却怎么也想不起他的名字，这可能会给你带来尴尬甚至危机。原因是这样的："蒋"字在这里除了表示姓氏以外并没有包含其他意义，大脑很难接受无意义的事物；如果我们将"蒋"字想象成有形的"奖状"，在大脑当中虚拟构建一幅"这个人拿着一张奖状笑呵呵"的画面，也许就对他有了更深刻的印象。

这就是我要说的大脑的"运动"，它包含了高效记忆的所有秘密——发散、转化、动态、连接。"发散"是说我们把"蒋"字通过谐音想到了"奖状"；"转化"是说用"奖状"代替了无意义的"蒋"字来记忆；"动态"是说拿着奖状这个动作；"连接"则是指将这个人和奖状通过拿的动作产生联系，通过这四步，我们把以往的"死记"变成了一幅生动的画面。**所以，提高记忆力的方法简而言之，就是将原来"静止"的思考方式转变成"动态"的思考方式。当你习惯这种动态思维的时候，你就已经拥有了超强的记忆力。**

最后，我希望这是一本既具感性又有理性的书。感性是说我们必须充满感情，感情的触角会帮助我们提升记忆力；理性是说我们必须思维清晰，通过敏锐的思考和学习去提高记忆力。翻开这本书是你我的缘分，就如我第一次与记忆术结缘一样。记忆术的学习是一段美妙的旅程，它将通往一个充满智慧的崭新世界，踏上这段奇妙之旅，你的人生将会与众不同。

2017年11月于成都

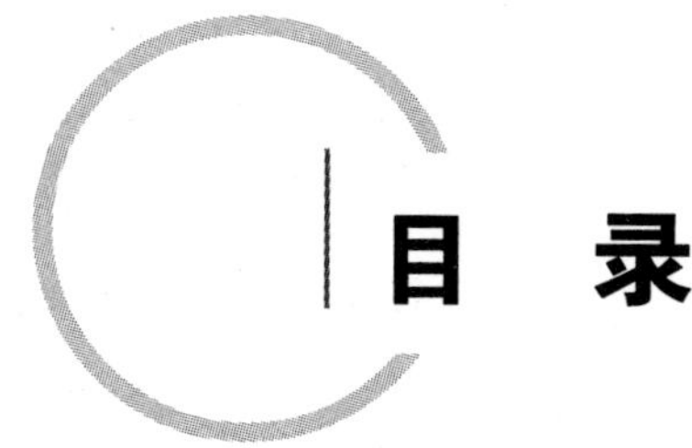

目　录

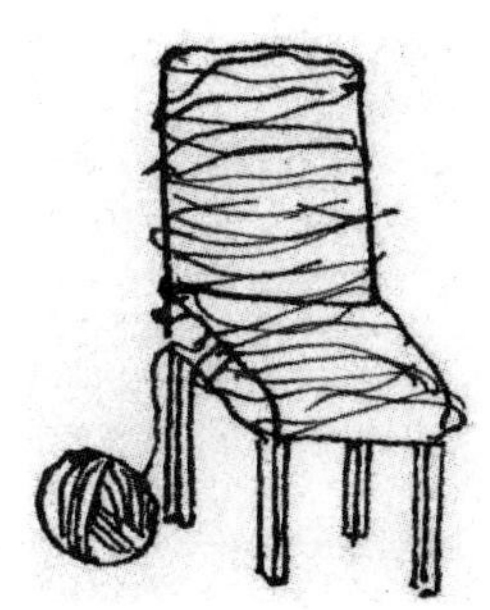

利用熟悉的地点进行记忆的方法就是记忆宫殿，等你逐渐习惯这种方法后，记忆宫殿就成了记忆和自动复习的无敌工具。

通过鸦片战争的意义、唐宋八大家、七大洲面积大小、古诗词、文章、单词等记忆方法示例如何同时发挥左右脑功能以及记忆技巧如何融会贯通。

思维导图具有创新和整理两大功能，绘制一张思维导图包括四个步骤：绘制中心图、绘制主干、绘制分支，最后配图。

关于高中地理知识、高中政治知识、高中历史知识、英语单词拼写与词义记忆、《道德经》部分记忆、《出师表》的记忆、三角函数公式、万有引力公式等记忆方法示例。

酒店房间数量、快餐店收银机、导游知识点、家具细节、药学知识、银行贷款业务、地图信息等该怎样记忆。

急救知识、二十四节气、水果名称、世界遗产名录、酸碱食物、世界名著、姓名等这些分散的生活信息这样记忆最快捷。

第一章
如此健忘

第一节　发生在身边的遗忘

记忆和遗忘伴随我们的每一天。因为记不住而犯下的错误有时能及时弥补，而有时不但会给工作和学习带来巨大的影响，还可能让我们付出更多的代价。琐碎的小事可能忘，重要的大事也可能忘，各种情况的遗忘有着不一样的原因。所以，我们学习如何提高自己的记忆力，对记忆力进行科学地训练就是减少遗忘，最有效的手段，它的意义并不仅仅是让我们记住某一个工作内容或者知识要点，更大的意义在于整体提升我们的大脑，让大脑处于自信、健康、强劲的工作状态。

[1]唐导是一名业务出色的外语导游，负责接待来华的外国友人和带国内游客出国游玩。有一次，一行20多人的旅行团来到中国，第二天的行程是游览著名的旅游景点峨眉山，唐导第一天晚上在机场接到游客后，在车内开始讲解注意事项，叮嘱客人要拿好护照、带上雨伞等。

第二天一早唐导坐出租车按出发时间到达酒店，当所有游客到齐并准备上大巴车出发的时候，唐导发现自己的行李箱忘在了出租车上。由于早上匆忙也没来得及向出租车索要发票，因此行李无法找回。唐导的行李箱里有这次整个旅行团的行程计划书、出行十多天的换洗衣服等，还有一台笔记本电脑。一面是旅行团要出发，不能因为自己而影响所有游客的心情；一面唐导又心急地想找回贵重的行李来减少损失，实在分身乏术的唐导只能调整心情继续工作。由于伞和外套也在行李箱里，在峨眉山上，唐导被淋成了落汤鸡。

为什么会忘?

主要原因: 烦琐的工作需要大脑将所有小事进行综合并处理,琐碎的事情最容易打乱整体思绪。

[2]肖翔从一所普通大学毕业以后进入银行工作,负责柜台业务办理。由于业务办理能力优秀,不久以后他被调为信用贷款专员,负责贷款客户的资料审核等工作。来自农村的肖翔并没有太多人脉关系,但是绩效工资在同事中却总是第一。一次在年会上,同事向其请教,他才透露了其中的秘密。在他手中贷款的每一位客户,他都会记住其生日、爱好等重要信息,客户生日的时候,他提前打电话祝福,让客户倍感亲切。同时他把每一个行业的放贷条件、每一年的政策等都牢记在心,每次遇见新的客户,他都能从其言谈举止中迅速判断出放款额度、审核能否通过等信息,不满足条件的他还能帮助客户尝试其他途径申请。因此,肖翔的贷款客户逐步增多,业务能力得到上级赞赏,现在已经升为该行信贷部主任。不仅是客户,现在连他的手下每一个人放出去的贷款额度有多少他都能记住,是银行的明星人物。

为什么其他人记不住?

主要原因: 银行工作十分细化,政策变化快,接触人群广,要记住大量的信息并不是每一个人都能做到的,肖翔的大脑中存在一套虚拟的记忆工具,银行的工作正好将其活用。

[3]小陕是一名高三的文科生，平时在复习各个科目的时候老是觉得知识点琐碎，要记的内容太多，记了新的又忘了旧的，感觉复习和忘记永远在赛跑。就拿记忆地理知识点来说，地理的知识板块多，在考试的时候，往往题目中给出一个相关信息，然后再以给出的相关信息判断相关知识板块来进行解答。比如，仅仅给出俄罗斯叶尼塞河的形状，让你解答该地区的农业分布或者气候特征等。这就要求答题者看到图形后，先判断出是哪一条河流、属于哪一个国家、在该国家哪个区域等信息后才能进行解答并得到分数。对于和小陕一样的高中生而言，如何高效地归类整理并复习众多的知识板块是取得分数的关键。再加上物理、数学、政治、历史等其他学科的大量知识点，如何能快速、有效地复习并记住一直是困扰小陕的问题。后来小陕通过对思维导图的学习和记忆技巧的灵活运用，在大脑中清晰地把各科知识点进行了归类“存放”，最终他单科地理成绩就提高了20分，并在2015年如愿以偿地考上了上海财经大学。

为什么记不住?

主要原因：高中学生的知识记忆量特别庞大，对记住的内容需要科学地进行复习和归类，否则一边记一边忘，考试中出现的题目也总是似曾相识，所以应该合理利用“艾宾浩斯遗忘曲线”进行复习，并利用“思维导图”对笔记和知识点分类，才能有效提高分数。

[4]刚生完孩子的陈女士现在是一名家庭主妇，大多数时间都在家里带孩子和做家务。有一次，她正在厨房煮粥的时候孩子突然哭了起来，家里又没有其他人，陈女士急忙跑到卧室又是哄又是喂，过了十多分钟，孩子停止了哭泣，之后陈女士就来到客厅打开电视机看起了电视剧。等闻到一股糊味儿时，陈女士一边大叫“我的粥！”一边飞奔进入厨房，这时粥已经变成了一锅“黑炭”，锅也差点被烧了个窟窿。陈女士感叹：“都说怀孕傻三年，我太不小心了！还好发现得

不晚，没有造成安全事故。”

为什么会如此粗心？

主要原因：“一孕傻三年”是一句玩笑话，但并不是没有任何科学道理的。从科学的角度来讲，在怀孕期间，婴儿合成大脑需要大量的卵磷脂，成人脑神经细胞中卵磷脂的含量占其质量的17%～20%，这些都需要从母体直接获取，加上怀孕期间慢节奏的生活规律和压力的减轻，使大脑似乎进入低速运转的状态。因此，生完小孩以后，大部分母亲都感觉思维力下降，记忆力下降，其实是由于大脑减少了平时工作时需要的必要思考，间断性地失去了锻炼机会所致。

[5]杨贵是一名事业单位的工作人员，经常出差负责部门的器材采购工作。有一次，杨贵在出差途中接到部门领导的电话，被告知他有一个非常好的出国培训机会，出国深造半年回来还很有可能升职。接到这个天大的好消息，杨贵高兴地跳了起来，因为出国深造一直是杨贵的梦想。接着，领导让他马上提交身份证号码和照片等相关信息，可是杨贵却一时怎么也想不起来自己的身份证号码，身份证也放在家里，于是他告诉领导10分钟后再回电话。当杨贵让家人找到身份证后回拨了单位的电话，可惜由于名单需要立即上报，没有时间等待，原本应该属于杨贵的名额已经临时换成了另外一名同事。就因为一时想不起自己的身份证号码而和自己的梦想失之交臂，杨贵很长一段时间都陷入了情绪低谷中。

为什么会记不住？

主要原因：身份证号码、银行卡号等数字串的记忆对一般人而言是一种反复的口诀式记忆，不停地反复地读自然就记住了。然而这样的记忆并不牢靠，在疲惫的时候，人们的回想能力会降低，有时候需要提醒前面几个数字才能想起来，有时候又会张冠李戴地串到其他数字信息上。

[6]重庆的小刘是一名领队导游，主要负责香港的旅游线路。有一次，他带领一个20多人的老年团到香港游玩，出发前一天晚上，他整理好了所有游客的护照并放在手提袋中。旅行团飞机的出发时间是第二天一早8点，可是直到第二天早上临近出发时，所有游客也没等来导游小刘，打电话也一直没人接。正当所有团员焦急等待的时候，只见领队小刘气喘吁吁地跑来，一个劲儿地说对不起。原来小刘的手机喇叭突然坏掉了，没有听到闹钟的响声和打来的电话。在急忙给所有团员讲了旅行中的注意事项后，他带领大家来到机场柜台前办理登机手续，这时小刘突然想起全团所有人员的护照由于慌忙出门被他忘在了家里。再回去拿护照时间已经来不及了，每一位团员重新购买机票的费用都将由他自己负担，想到自己可能会赔偿数万元的机票费，小刘吓得哭出了声，游客也觉得因为小刘的疏忽浪费了自己的时间和精力而不停地责怪他。小刘最终不但付出了沉重的经济代价，也因此引发了当地媒体对此事件的报道。

为什么会发生？

主要原因：我们经常在新闻中看到有人将巨款遗忘在出租车上的信息，为什么我们能意识到的一些重要事情偶尔还是会被忘记呢？因为每个人都有自己的生物钟。有的人长期精力充沛，也有人会有特别容易疲倦的生物钟低谷期；有的人即使每天睡很少的时间也神采奕奕，有的人却总有几天感觉注意力不集中或头脑不清醒。实验证明，科学地锻炼大脑会调节大脑思考的生物钟，让它更具有规律性，让大脑在思考问题时通过增加耗氧量达到提高大脑功率的目的，让大脑处于健康、强劲的状态。

[7]小王是一名漂亮的女生，和已经交往了3年的男友因为吵架而分手，回到家，伤心中的小王舍不得这段恋情，于是打开电脑翻起了和男友一起旅行的照片，回想着曾经的一段段甜蜜的回忆。正值寒冬腊月，小王电脑桌上垫着取暖的

电热桌垫。看着窗外飘着的雪花，小王更加伤心，她决定第二天一早就到其他城市去散散心，来一次说走就走的旅行。一周以后，小王回到家。当踏进书房的时候她惊呆了，原来她走的时候忘了关电热桌垫的开关，虽然温度不算很高，但是由于时间太长，压在桌垫上的电脑键盘已经被烤化了，并死死黏在桌垫上。如果她再晚几天回家，很有可能会引起火灾，造成严重后果。

为什么会发生？

主要原因：生活中我们有很多习惯性的行为，比如随手关门、冲厕所等，这些指令已经在大脑中形成了潜意识，即使你在打电话、看书的同时也会习惯性地执行这些动作。但在情绪受到影响的时候，我们的大脑会因受到干扰而忘记执行这些动作。糟糕的情绪是大脑最大的敌人，学会控制情绪就是控制了大脑。

[8]有一次石家庄某电脑城搞促销活动，活动牌上写着“能记住圆周率100位的人赠送300元代金券，能记住圆周率300位的人赠送1000元代金券”的字样。很多大学生都摩拳擦掌欲欲跃试。挑战不限时间，先是一个男同学上台挑战，记了几十分钟后，男同学开始默写，由于有几处遗漏和错误，所以挑战失败。接着又有几位同学上台挑战，可是都以失败告终。过了一会来了一位男士，上台记了10分钟就下来了，然后开始默写，周围的观众都用怀疑的眼神看着那位男士。不一会儿，商场的工作人员就拿起那位男士默写的圆周率一一检查是否正确。当检查完毕以后，工作人员拿起话筒说道：“陈先生默写的圆周率的前300位全部正确，挑战成功！他将获得本商场提供的购物代金券1000元。”在周围人群惊讶和羡慕的眼神中，这位陈先生拿走了奖励。

为什么能在短时间内记住这么多数字？

主要原因：无规律和无意义的东西大脑几乎无法记住。原来，陈先生是一位记忆力的培训老师，懂得记忆数字的方法。陈先生在大脑中把无意义的数字变成有形状的物品，记忆的时候加以联想，将长串的数字变成有意义的画面，就能轻松无误地记住300位数字。

[9]50多岁的邹老师是一家培训机构的副校长，他教学风格幽默，深受孩子们喜欢。有一次下班以后他从办公室开车回家，到了家，开门的时候才发现钥匙忘在了学校的办公室，于是他又开车回办公室去拿。上下班高峰时间市内堵车耽误了不少时间，等到邹老师好不容易到达办公室的时候，他才想起今天早上上班时是其他同事开的门，自己办公室的钥匙根本就没有带在身上，而是放在了家里。这一去一来被折腾得够呛的邹老师感叹道："难道我已经老年痴呆了？！"

为什么会忘记？

主要原因：邹老师两次忘记带钥匙有多个方面的因素。人们都感觉年龄越大记忆力也越来越衰退，而实际上记忆力和人的情绪、病因、饮食、遗传、是否受到外部伤害等众多因素相关。最新科学研究表明大脑思维变慢导致健忘，都和某种淀粉酶的沉淀有一定关系。年龄越大我们越喜欢靠经验去判断事物，大脑减少了思考的频率，淀粉酶的沉淀便阻塞大脑神经元中生物电流的流通，即产生我们所谓的健忘现象。当然，健忘的原因是各种综合因素的集合，不能片面地从某一个方面来解释。

读了上面的案例你是否有似曾相识的感觉呢？或许自己或身边的朋友就真实发生过类似的情况。生活在社会这个大家庭中，大脑扮演了非常重要的角色，我们不仅仅和其他动物一样需要吃饭、睡觉，我们更需要的也是最大区别于它们的正是"思考"。所以，人如果离开了思考，将会在这个社会当中面临各种各样的麻烦；如果没有一个健康、高效的大脑，也会在社会竞争当中面临更多的困境。只有真正了解大脑的工作规律，我们才能锻炼自我、挑战自我、超越自我。

第二节　为什么会遗忘

孔子说“温故而知新”，我们为什么需要不断复习已经学过的信息呢？原因很简单，因为每个人的一生都伴随着遗忘，遗忘也是我们无法避免的事情。从生理学角度来讲，遗忘就是一种自然规律，正如人老了肌肉就会衰退，头发就会变白，皮肤就会起褶皱，骨骼就会萎缩等。既然说遗忘是一种自然规律，那么我们能否让它进行得缓慢一点呢？答案是肯定的，正如人类随着生活品质的提高，健身、养生意识的增强，平均寿命也在增加。用一句俗话来说：“长江后浪推前浪，一代更比一代强”，我们相信，我们的子孙一定会比我们更具智慧。从生理学角度而言我们不深入探讨。从心理学的角度出发，遗忘的原因主要有以下几种说法。

[1]条件反射

条件反射是包括人在内的动物的天性，**人之所以能记住东西是因为在大脑中形成了条件反射。但是条件反射是会逐渐衰退的，所以我们要不时地刺激这些反射，换而言之就是我们要复习记忆，否则就会遗忘。**打个比方来说，记单词就是建立一种条件反射，我们在记忆的时候反复地通过读、写来刺激大脑建立关联，听到“teacher”我们知道是老师，听到“doctor”我们知道是医生，就这样建立起了条件反射，但是一旦不复习，条件反射就会变得衰弱，最终导致遗忘。所以，对于上述的单词，如果我们离开了某个语言环境，从不使用和回想，

单词就会忘得很快。你可能会说："我从来不说'teacher'，但是这个单词我永远都记得住。"那是因为你即使自己不说，在周围的环境中也会不时听到或者不经意间看到。使用频率高的单词，我们主动或者被动复习的频率也高，因此不会被忘记。而一些不那么常用的单词，你是否记过一次就永远不会忘记呢？答案很明显，越是复杂、不常用的单词忘得越快，**因为条件反射的建立需要长期和反复的过程**。

[2]信息干扰

遗忘是因为记住的东西受到了其他学习材料的干扰。相信初、高中的同学体会很深，在初、高中阶段，知识记忆量特别庞大，各个学科的知识点在一起很容易相互干扰造成记忆的混乱，我就有过这样的亲身体会。我们知道，毛泽东的恩师兼岳父杨昌济曾是北京大学的知名教授，我从很早的时候就知道他，对于他的名字非常熟悉。可是最近我常常记不起他的名字了，为什么呢？因为我最近在研究明朝的历史，而

明史中有个很有气节的大臣叫杨继盛，我个人对他十分敬仰，对他的临终诗“浩气还太虚，丹心照千古，生前未了事，留与后人补”更是熟读成诵。于是在我的大脑记忆皮层上，就出现了一个叫做杨继盛的记忆兴奋点，因为杨继盛在发音上与杨昌济颇有近似之处，所以就对其造成了干扰，使得我对于前一个名字的记忆虽然没有衰退，但是却也出现了遗忘。**信息的干扰不仅有近似性而产生的干扰，逻辑性、近意性、关联性也会带来干扰。**

[3]提取失败

相信我们都有这样的经历，读书的时候记住的文章等到老师抽查的时候就是想不起来，但是旁边的同学稍微提醒一下我们又想起来了。**我们之所以对一些事情想不起来，是因为我们在提取有关信息的时候没有找到适当的提取线索。**这让我想起几年前的一个午后，我和妈妈心血来潮，突然想回到我们10年前住过的地方去看看。当那无数次出现在我梦中的小巷，无数次出现在我梦中的大槐树真的出现在我面前时，我几乎哽咽了。童年的时光就那样一晃而逝，似乎不曾留下什么。可是来到这里，我才发现，原来我还记得那么多的故事。在那个午后，我和妈妈绕着童年的小屋静静地徜徉，儿时的记忆在我眼前一点一点地流淌出来；从大槐树那粗大的躯干里流淌出来；从旧屋子那低矮的房檐下流淌出来；从木头门尚未合紧的门缝里流淌出来；从烈日下白亮亮的石阶上流淌出来。记忆的阀门一下子敞开，这一切让我想起了儿时蹦蹦

跳跳的自己，快乐和幸福的回忆涌上了心头。

综上所述，遗忘不仅仅有生理方面的原因，更多是心理方面造成的。了解遗忘的原理，我们就能从心理上进行调节，通过方法去训练和改善。

第三节　了解大脑

在正式进入训练之前，我们有必要了解一下大脑。在这里我们并不是要学习大脑复杂的生理结构，只需要简单地了解大脑是如何分工的就好。如下图所示：

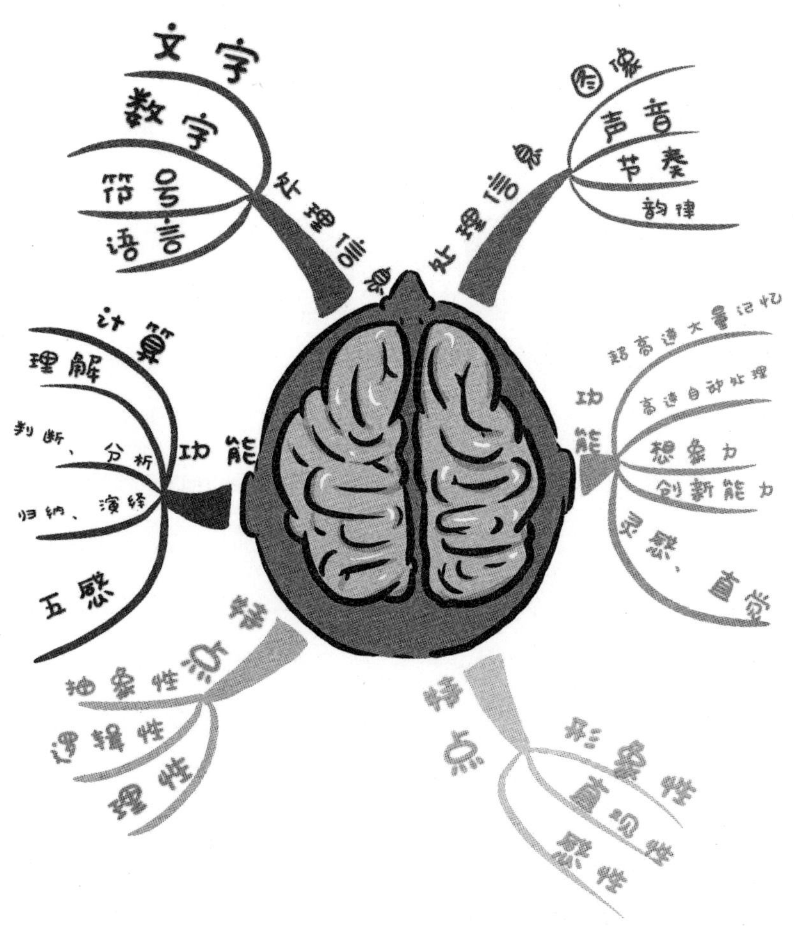

从上图可以看到，**我们的左脑就像一个办公室，充满了严谨，擅长处理逻辑性思考，因此被称为理性大脑。我们右脑就像一个花园，充满了快乐，擅于处理感性的思维**。

我们可能都有这样的经历，上学的时候，本来是想认真听课的，但是不自觉地就开始走神，去想下课后吃点什么好吃的，去和同学干点什么好玩的；或者，打开我们儿时的课本，总会发现一些有趣的涂鸦，如给鲁迅先生画个眼镜，给诗圣杜甫加个胡子等。其实，会出现这种状况的原因和我们大脑的分工有着密切的联系。我们在上课的时候都是一边看课本一边听老师讲课，这时我们都是偏向左脑思维习惯，来处理逻辑性的内容。相反，右脑并不擅长此类工作，因此它就会本能性地带领我们去想象一下感性的东西。

大家都知道，经常运动可以锻炼肌肉，增强体魄。坚持游泳的人一定比每天坐在办公室的人肌肉发达，身体健康；举重运动员手臂的肌肉一定比跳远运动员手臂的肌肉结实；而跳远运动员腿部的肌肉也会比举重运动员腿部的肌肉结实。那么我们的大脑也和肌肉一样可以通过锻炼来提高吗？锻炼的方法又是什么呢？

每一个人在儿童时期左右脑都是均衡发展的，我们会发现小孩子的异想天开正是他们可爱的原因之一。但是进入小学阶段以后，学习主体偏向于逻辑性的锻炼，语文、数学、外语都是主要科目，他们花了大部分时间和精力去学习；相反，美术、音乐等科目作为副科，他们一周可能只花很少的时间去接触。这样的教学结构造成左脑在锻炼，处于活跃状态，而右脑很少得到锻炼，处于受压制的状态，最终造成左右脑发育不平衡，左脑强于右脑的结果。打一个简单的比方，如果我们仅用一只手做俯卧撑，另外一只手不进行锻炼，那么我们不锻炼的那只手臂一定没有锻炼的手臂结实有力。

我针对中国、英国、日本的小朋友和成年人做过一个有趣的实验，实验的名字叫做“斯特鲁普效应实验”。实验内容是让测试者瞬间读出带有各种颜色的文字，测试者看到颜色的时候会受到文字本身的干扰，比如文字是“黄色”二字，但是这两个字是用“绿色”打印出来的，当测试者看到这两个字的瞬间几乎都读成“黄色”，而不是看到的“绿色”。这个实验一定程度上能说明注意力和左右脑工作分工的现象。我们看到的文字是逻辑性的，属于左脑处理，而颜色属于右脑处理。测试者同时看见的时候往往读出的是文字而不是颜色，即使在我们提前提醒测试者要说出颜色的情况下他们依然会不约而同地读出那个文字。和英国、日本的受测者相比，这个现象在中国的受测者当中特别明显，也侧面说明了我们逻辑性非常强，国际上各种考试总是拿第一，分数远远高于其他国家，但是创造性和动手能力却也低于其他发达国家的原因。

合理地运用右脑，将联想引入学习当中，这样既可以避免右脑胡思乱想开小差，也能让枯燥的学习变得更加有乐趣。回到上一部分的提问，通过科学的了解和实验表明，大脑是可以通过锻炼提高的，它和我们锻炼肌肉一样，动则进，不动则退。锻炼的手段是什么？那就是通过记忆术来提高。

第四节　对记忆术的错误理解

记忆术（mnemonic）是什么？

它是从古罗马时代开始就有的一种助记方法，是记忆的窍门和方法的简称，是指一种通过给识记材料安排一定的联系以帮助记忆并提高记忆效果的方法。有的读者可能在翻开这本书以前听过或者学习过记忆术，有的读者可能根本没有听说过，对于初识记忆术的读者而言，可能会有以下疑问。

Q1 记忆术中常用到的手段就是联想，甚至是一些不符合逻辑的联想，它会不会扰乱我们的正常思维，让正确的理解变得不正常？

左右脑既分工也协作，如果说以往的死记硬背偏向左脑，那么右脑加入到记忆当中只是通过联想附加了一种线索，让我们在回忆的时候可以通过线索来搜寻答案，让记忆的内容变得有章可循。如果联想会影响正常思维，那么这个世界上所有的科学发明都将不复存在，科学家会被骂成疯子，所有爱动脑筋的人都将变成神经病。

Q2 联想经常会把记忆的内容进行转化，转化特别麻烦，比起正常的记忆更花时间。

每个人都有自己的记忆习惯，但是正是因为平常的记忆已经不足以记住更多东西，或者记得不够快，或者记得不够牢靠，因此，我们需要改变原来的记忆习惯，那就是把右脑的联想思维引入记忆方面，养成联想记忆的习惯。比如说到“美丽”一词，我们会将它转化为身边自己熟悉的某一个漂亮的人来进行记忆，根据记忆学的原理，抽象的事物大脑很难记忆，因此用自己熟悉的有形状的事物来代替，然后进行记忆。这种转化就好比我们刚开始学习电脑打字，不习惯的时候打得又慢又容易错，还不如我们写字快，但是一旦我们通过练习习惯了这种文字输入方式，打字就会比手写快很多。“转化”是记忆术中重要的一步，它需要我们习惯这种思维，需要在练习当中有一点耐心，你要相信，一旦养成这种习惯，它将让你大幅提高工作效率，节约学习时间，让被你记住的内容保存得更加长久。

Q3 记忆术简单来说就是形象记忆或者联想记忆?

狭义的记忆术包括特征提取、内容转化、动态联想等过程，记忆方法包括串联记忆、分类记忆、定桩记忆等，定桩记忆又包括物品定桩、图片定桩、地点定桩等。因此，联想只是在记忆过程当中运用到的手段，而不是具体的方法。广义的记忆术是一种灵活的记忆，左右脑根据记忆内容的不同而适当分工协作，比如记一首诗可能左脑用得更多，右脑只做联想辅助，而记一些法条，几乎都是右脑在联想记忆，左脑只是做简单的逻辑理解。所以，记忆术应该不限于某一种方法，而是通过方法的学习来提高大脑，最后达到灵活记忆的目的。

Q4 联想怎么用来记文字或长篇段落?

知识的本质其实就是画面和经验。古人将现实生活中体会到的经验或者遇到的现象总结成文字，用文字表达当时的场景，后人再通过文字的记录还原当时的情景进行学习。所以知识是一幅画面或者多幅画面的集合，通过记忆力的联想训练，我们会升华所有的感官，让感触更加细腻。练习记忆力的人往往有这样的经验：在阅读文字信息的时候会自然地有身临其境的感觉，文字中描述的画面就像一个3D场景，读到一段文字，文字描述的画面自然而然地浮现在眼前，而且特别清晰，自己也会富有感情地融入其中。这就好比看枯燥的文字和看精彩的电影的区别，练习记忆力的人在阅读文字信息的时候就犹如在看一场电影，记忆起来自然更加动态，更加轻松。这也是除了记忆内容本身以外，记忆具有的更重要的意义。

第二章

给大脑做准备运动

第一节　为什么要冥想

“坐在竹亭的石椅上，闻着一股清新的竹香味，品着一杯幽香的竹叶茶，听着雨点轻轻地敲打竹叶的沙沙声，看着雨滴慢慢地滑落在竹叶上凝成一颗颗晶莹的雨珠，顺着竹叶和竹节，滴落在松软的土地上，仿佛会在地下汇往远处的溪流中。”

阅读上述段落你有什么感觉？ 这段短短的文字中包含了触觉、听觉、嗅觉、视觉、方向感等，如果你在阅读的时候能身临其境地在脑海中浮现出画面来，那么恭喜你，你的右脑非常“健康”！如果读完这段文字大脑一片空白，没有任何感受，那么说明你需要锻炼一下你的右脑，让它和你的左脑一样“健康”。

幼儿园老师会教孩子用手去摸各种东西，目的是让孩子能判断物体的形状、质感、温度等信息。爱因斯坦说“聪明是观察的眼睛”，我们在小的时候对细节的观察其实是相对敏锐的，但是随着年龄的增长、信息量的增加，快节奏的学习让我们在了解世界更多的同时却丢失或者淡化了对细节的感知能力。在本书的后面我们就将讲到，**细节正是记得牢靠的关键，要抓住细节，我们就需要进行冥想的练习。因此，冥想首先是锻炼观察事物细节的手段。**

其次，冥想是消除紧张、平静心情的最好的自我安慰。心情郁闷的时候，比如在学校受到了欺负，我们可以把欺负自己的人想象成一个小矮人，而自己是一个巨人，自己战胜了小矮人，取得了成功；精神疲惫的时候，比如连续工作太累，我们可以想象自己来到一个空旷的大房间，透过落地窗可以看到窗外摆动的树叶，房间里有一台钢琴，然后我们弹起了优美的钢琴曲；情绪紧张的时候，比如马上面临一个数百人的会议报告，紧张得几乎忘掉了所有事先写好的演讲稿，我们可以想象下面的观众都变成了粉色的QQ糖小熊，一旦自己开口讲话，QQ糖小熊就会响起热烈的掌声。**冥想可以让我们破除万难，靠自己解决平时不能解决的问题，是一种积极的自我暗示。**

最后，冥想是一种“静态”的联想，想象的内容往往和大自然、和美相关，它既是让心情放松、减少压力的方法，也是提升大脑记忆力、思维力的重要手段。我们都知道，游泳、跑步、跳绳等有氧运动能锻炼身体的肌肉，同样，科学研究表明，人在进行联想的时候大脑的耗氧量也会增加，换而言之就是让大脑在参加有氧运动，在锻炼脑细胞。

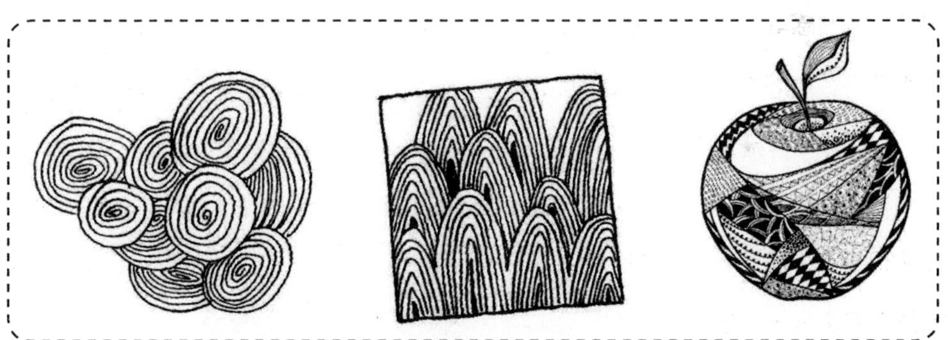

制作禅绕画是一种很流行的能让心境平静的方式

第二节　α（阿尔法）波调整状态

如果说汽车有几个挡位，分别是倒挡、一挡到五挡的话，那么人的大脑也可以分成几种状态，各种状态是按照脑电波的频率来区分的，它们就是δ波、θ波、β波和α波。你可以简单地理解为δ波这种频率是处于深度睡眠状态时的脑电波频率，通过测量δ波就可以知道一个人的睡眠质量。θ波可以理解为意识中断的浅睡眠状态，β波则可以理解为当人们处于清醒、专心、保持警觉的状态，或者是在思考、分析、说话和积极行动时，头脑就会发出这种脑波。这4种基本的大脑电波频率，我们主要了解一下对记忆力帮助最大的α波。

α波是一种什么状态呢？简单地说，它是一种大脑直觉、灵感、想象力、创造力最活跃的大脑波段。生活当中我们都有体会，有时候写一个文案或者策划一场活动，就是觉得没有灵感，写写改改花了很多时间；但是有时候灵感一下子像泉水般涌上来，一下子解决了很多停滞下来的工作，这就是α波发挥的作用。我们都知道，汽车的每一个挡位适应每一种情况，没有一个挡位是万能的，起步要用一挡，高速路要用高挡位，大脑波段也是一样，如果睡觉的时候处于δ波、θ波以外的活跃波段，那么可能会失眠，相反，如果工作的时候处于精神放松的波段，那也不可能做好工作。那么，汽车的挡位可以人为操作，大脑的状态又能否被人为的进行调节呢？

看过徐峥和莫文蔚主演的电影《催眠大师》的朋友，可能对电影中两人互斗催眠术的片段印象深刻。当然，电影经过了导演的艺术加工，但从科学的角度来讲，催眠也是将患者的脑电波通过语言引导进入特定的波段，让其降低压力、缓解抑郁的一种手段。α 波的调节类似催眠，只是这种催眠是自我进行，自我引导。在道家和佛家的修行当中，我们都知道坐禅是追求心平气和、天人合一的忘我境界，从科学的角度解释，其实坐禅就是一种 α 波的自我调节。

或许你的梦想破灭了，让你对现实不再抱有积极的想法，但是你应该意识到，悲观的情绪正在对你造成伤害，它正在伤害你的健康、你的事业、你的经济情况、还有你的记忆力和整个大脑。或许因为工作压力太大，每天有加不完的班，还有各种定期考核，你已经对生活失去了激情，而却习惯着千篇一律三点一线的生活方式，这种消极的生活状态让你事业停滞不前，长期处于精神焦虑和抱怨的状态。或许你的学习内容太多太难，你每天花了相当多的时间去学和背，睡得很晚起得很早，但是成绩不但没有明显的提高，还一直不稳定。如果是这样，也许调整大脑到 α 波状态对你会有意想不到的帮助。

现代生活的紧张使太多人忘记了使自己的大脑处于 α 波状态，从而为紧张、焦虑所导致的疾病所困扰。长期的紧张和焦虑会降低人体的免疫力，而大脑有相对较多的 α 波的人，免疫能力也相对较高。α 波的益处是多方面的，根据德国某大学的一项数据显示，大部分企业家、学者、社会成就较高的人的大脑一天当中处于 α 波状态的时间都相对较多，这也侧面说明他们较一般人而言更具有创造性思维。

第三节　大脑的准备运动

运动员上场以前都会做各种准备运动，我们在进入工作和学习状态前也需要做准备运动，这样才能取得最好的成绩。

世界记忆冠军王峰在其作品《记忆王子教你轻松记》中有一段关于自己参加2010年世界脑力锦标赛最后一个扑克牌项目时的心情的描写。当时，最后一个项目能否获胜将决定他能否成为冠军，但是由于压力大，他中午根本没有休息好，于是他采取了α波冥想的方法，他想象自己在森林里面，在小溪旁边，很快就得到了放松，并在之后的快速扑克牌项目中发挥出了自己最好的水平，成为世界记忆冠军亚洲第一人。同样，我在2013年参加英国世界脑力锦标赛的时候，由于时差关系，从比赛第一天开始就一直处于睡眠不足的状态。国外的比赛中午（包括午餐时间）休息只有一个小时，我在第一天上午的比赛结束以后整个人几乎处于虚脱状态。中午工作人员已经提前准备好了午餐，但我丝毫没有食欲，想到下午的比赛，感觉这样下去一定很危险。我也采取了同样的方法，调出手机里事先准备的图片，MP3里的α波音乐，我坐在地毯上开始α波冥想。很快，我整个人完全放松了，尽管只有短短的几分钟，却让我在下午恢复了比较好的状态，后面的两天中我也使用同样的方法，最终在比赛当中赢得了中国队总分第一的成绩，并且赢得了世界记忆大师的称号。

地上脏了我们会打扫，书柜乱了我们会整理，皮肤干燥了我们会擦护肤霜，胃消化不良了我们会吃消食片，那么大脑你“整理”过吗？通过什么方法来“整理”呢？使用电脑的时候，垃圾回收站满了，我们只需要动一动鼠标就可以轻松删除文件，大脑有没有同样的方法呢？答案当然是肯定的，方法包括头部按摩、大脑保健操、饮食健脑等，头部按摩可以促进血液循环，提高大脑供氧量，保证大脑思维清晰，但是饮食健脑等涉及长期的习惯养成问题，在此我们不作讨论，我们主要讨论如何进行α波冥想等自我暗示的一些方法。

[1]图片冥想

我们可以在电脑中专门建一个文件夹来存放一些高清的风景图片，花卉、大海、湖泊、树林、沙漠、雪地等都可以，只要自己觉得美丽的、看着心情舒适的都保存下来。冥想时，用幻灯片的形式来播放图片，间隔调到15秒左右，每一张图片显示的时候就尽可能地想象自己身临其境，**我们需要的是冥想，因此看着发呆是几乎不会有效果的，我们需要想象一些细节，比如质感、温度、心情等。**虽然图片是静态的，但正是因为静态，它们才能带给我们无限的想象空间，一旦发挥出这种细腻的想象力，你就进入了α波状态，我们通过下文来举例说明一下。

α波引导冥想1（对应原图请见文后彩插1）

想象一下，清晨的阳光透过树叶照射到自己身上，那么的温暖，慢慢地睁开眼，用手挡住照在脸上的阳光，透过摆动的树叶能看到蓝蓝的天空，“布谷，布谷”……远处传来鸟儿动听的叫声。身体躺在刚刚掉落的树叶上，用手拍了拍，那么的松软，大地好像一个海绵床垫。慢慢站起来，仔细听，不远处仿佛有溪水流淌的声音，一边呼吸着清晨新鲜的空气，一边朝流水声音的方向走去。来到溪流边上，河水清澈见底，能看到河底鹅卵石淡淡的花纹，时不时地还有小鱼一游而过，消失在石缝之间，阳光照射到河面上，波光粼粼，空气既清新又温暖，仔细看，河边上的一块石头长满了青苔，用手摸上去软绵绵的，偶尔还能看见蚂蚁在上面爬过。

α波引导冥想2（对应原图请见文后彩插2）

想象一下，独自散步到海边，光着脚踩在细细的沙滩上，海风扑面而来，海浪一浪一浪地拍打在沙滩上又退去，捡起一个淡红色的漂亮海星，往大海的远处扔去，用力一扔的同时，仿佛所有的烦恼和压力也被用力扔到了大海的远处而烟消云散了。走着走着，来到一片礁石旁，成群的海鸥一边低飞着，一边“欧，欧”唱着动听的歌，我刚想要靠近，它们就迅速地飞走，当我坐在岩石上，它们又飞了回来，黄色的嘴，细细的羽毛，不时地眨下眼睛，走两步，头又四处张望一下，突然，它们发现了被冲上岸的小鱼，快速飞了过去。这让我感觉到生命是那么的伟大。

α波引导冥想3（对应原图请见文后彩插3）

想象一下，带着家人旅游，住在乡间农户，自己睡了一个上午懒觉，这时已经是午餐时间，从灶台间飘来浓浓的米香，香味中还掺杂着爸爸昨晚发酵的面包的香味。“儿子，快下楼吃饭了。”妈妈喊道。躺在床上，透过窗户就能看到远处一望无际的田野，我下了床踩着木地板走到窗户边，木质的窗户框架早已被阳光照得发热，双手放在上面感觉特别的温暖，厚实的木质纹路仿佛在述说着这栋房子的历史。蓝蓝的天上白云朵朵，远处有星星点点的小树，近处小镇的石板街上，小孩子们正在蹲着玩积木，隔壁的阿姨正在阳台上晒着刚洗的衣裳。

通过上面的3段α波冥想练习，相信朋友们可以体会到冥想的要点，**那就是要有细节，要让身体的各个感官参与其中，这样的联想是一种乐观的积极的心理引导，**也是将大脑调整到α波频率的有效方法。我们可以一张图片看很久，也可以很多张图片切换着看，将自己的负面情绪和疲劳释放在美丽的大自然中，释放在自己一直向往的地方。

[2]动态冥想

动态冥想更有随意性，就是将静态图片冥想的要点用在观看动态画面上。中央电视台的《请您欣赏》是我一直喜欢的栏目，它包括了国内各个风景名胜的取景，有故宫、承德避暑山庄等人文景观，也有黄山、三亚、桂林等自然景观。记得有一次我得了重感冒，全身无力，头阵阵刺痛，躺在沙发上，开着电视，这时正好插播了一段《请您欣赏》，镜头的一开始就是溪流里长了很多小树，然后是一个穿少数民族衣裳的姑娘在河边打水，旁边有一棵巨大的榕树，美妙的琵琶音乐伴奏着，就在那一刹那，我感到全身有触电般的感觉，整个风景的美丽、温馨、温暖化作一副精神良药，让我感到精神一下子恢复了很多。这和我平时经常看静态图片做联想有关系，当联想形成习惯以后，看动态画面时的融入感就变得更加容易。如果说在已经学会联想细节技巧的前提下，图片静态冥想“看到”的是标清图像，那么动态冥想“看到”的就是高清图像。除了以风景为主的视频素材以外，很多慢节奏的纪录片也是非常好的素材，比如《鸟瞰地球》

系列、《故宫的至宝》系列，包括《舌尖上的中国》都是很好的动态联想素材，它们通过视觉给人们带来了精神盛宴，这种精神盛宴加入细节的联想在里面，我们将会有与众不同的收获。

[3]音乐冥想

在网络上搜索“α波音乐”会搜到很多相关的音乐，这些音乐大多都以流水声、海浪声为主，听音乐进行冥想和看图片、看视频冥想有异曲同工之妙，只是音乐带给我们的想象空间更大，对冥想的细节要求更多，如果听音乐时不做细节的联想，音乐很可能就变成了催眠曲。我个人特别喜欢钢琴和小提琴的古典音乐，比起气势磅礴的交响乐，单一乐器的旋律更能让人心情平静。我们应该理解，**“α波音乐”不是说音乐本身的频率是和α波的波段类似，而是一种能够帮助我们或者较容易地引导我们进入α波状态的音乐**。音乐人吴金戴的音乐作品几乎都是表现大自然的声音，鸟叫、虫鸣、蛐蛐叫、仲夏的田间等各种自然的声音都是不错的素材。

[4]综合冥想

综合上述的素材，既可以看，同时也可以听就属于综合冥想。上面讲到动态冥想的时候，我听到一首琵琶伴奏的背景音乐，配合当时的画面，音乐带来的感动和画面带来的感动融合在一起，让我当时有了起鸡皮疙瘩的感觉，后来我专门去找那首背景音乐叫什么名字，那就是《琵琶语》。我们可以一边看静态的风景图片，一边播放自己喜欢的轻音乐，也可以看着动态视频，关掉原有的配乐，然后播放其他的伴奏，不管怎么样，不要忘了冥想，不要忘了体会画面中、音乐中的细节，只有这样才能唤起大脑的记忆，为我们后面的练习做好准备。

我们发现，很多科学家同时也有很高的艺术天赋，很多艺术家同样有科学家的潜质，比如爱因斯坦就爱拉小提琴，达·芬奇同时也是一个杰出的设计家和发明家。常看音乐节目的人很容易被某首歌曲、某个旋律感动，同样，逻辑感很强的人也不愿意在欣赏音乐上花太多时间，因为很少被感动。理性和感性是需要同时培养的，智商和情商都是同样重要的。有了以上对大脑和联想的了解，接下来的内容你只需要给自己一些信心，按步骤学习，相信你一定会得到一个超强的大脑。

第三章

大脑测试

第一节　记忆力测试

测试1　难度：★

先来听一个故事。

财主老张养了一只猫，自认为非常的奇特，对外人称它是“虎猫”。一天，他家里来了一帮客人，这帮客人都想讨好他，就对他的猫恭维一番。第一个客人说：“虎的确很勇猛，但是不如狮子，狮子是万兽之王，就请改叫‘狮猫’吧。”第二个客人说：“狮虽然比虎强，但也只能在地上跑，而龙可以在天空行走，比狮更神奇，不如改名叫‘龙猫’吧”。第三个客人劝他道：“龙确实比狮更神通，龙升天必须浮在云上，云比龙更高级吧？不如叫‘云猫’。”第四个客人劝他道：“云雾遮蔽天空，风突然一下就把它吹散了，云不敌风啊，请改名叫‘风猫’。”第五个客人劝他说：“大风狂起，用墙就足以挡蔽了，风和墙比如何？给它取名叫‘墙猫’好了。”第六个客人劝他道：“墙虽然牢固，老鼠在它里面打洞，墙就倒塌了。墙和老鼠比如何？给它取名叫‘鼠猫’好了。” 客人中一位老人不屑地说：“捕鼠的本来就是猫，猫就是猫，为什么要失去自己的本来和真实呢？”

这个故事说明，名称应该符合实际，故弄玄虚地加上一些称号，反而会失去本来面目。

请遮住上面的内容回答下面的问题，回答正确得3分。

第四个客人说把猫改名为＿＿＿＿＿＿。

测试2　难度：★★

请在1分钟内记住下面这副中草药，可以打乱顺序。

金银花、冬虫夏草、壁虎、红豆杉、肉桂、大黄、葵花、半边莲、灵芝、制鳖甲、藏红花、天麻

请遮住上面的内容复述中草药，正确一个得1分，满分12分。

________ ________ ________ ________

________ ________ ________ ________

________ ________ ________ ________

________ ________ ________ ________

测试3　难度：★★★

下面出场的人物你都很熟悉，请用3分钟记住他们的出场顺序。

NO.1 马克思	NO.2 诸葛亮
NO.3 华佗	NO.4 莎士比亚
NO.5 武则天	NO.6 白求恩
NO.7米老鼠	NO.8 岳飞
NO.9 爱因斯坦	NO.10 慈禧

请遮住上面的内容回忆其顺序，正确一个得1分，满分10分。

NO.1_____	NO.2_____	NO.3_____	NO.4_____
NO.5_____	NO.6_____	NO.7_____	NO.8_____
NO.9_____	NO.10_____		

测试4 难度：★★★

请用 3 分钟记住下列物品的价格。

海参：198

豆奶：32

记录仪：168

奶粉：69

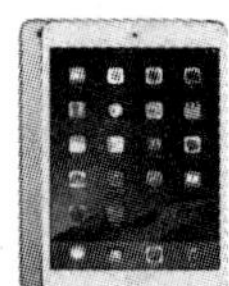
IPAD：1698

樱桃：26

红酒：256

钢琴：3860

皮鞋：488

鸡肉：38

请遮住上面的内容回忆价格，正确一个得2分，满分20分。

皮鞋______ 鸡肉______ IPAD______ 樱桃______ 海参______

豆奶______ 红酒______ 记录仪______ 奶粉______ 钢琴______

测试5 难度：★★★★

请在5分钟内记住以下历史事件对应的年代。

1842年 中英《南京条约》签订

1127年 金灭北宋，南宋开始

1931年 九·一八事变

1839年 林则徐虎门销烟

618年 唐朝建立，隋朝灭亡

1662年 郑成功收复台湾

1206年 成吉思汗建立蒙古政权

1895年 中日《马关条约》签订

请遮住上面的内容回答下列事件发生的年代，正确一个得2分，满分20分。

郑成功收复台湾 ________

中英《南京条约》签订 ________

中日《马关条约》签订 ________

唐朝建立，隋朝灭亡 ________

成吉思汗建立蒙古政权 ________

金灭北宋，南宋开始 ________

九·一八事变 ________

林则徐虎门销烟 ________

测试6 难度：★★★★

请在3分钟内记住下面图片中人物的位置。

请遮住上面的内容回忆位置，正确一个得2分，满分40分。

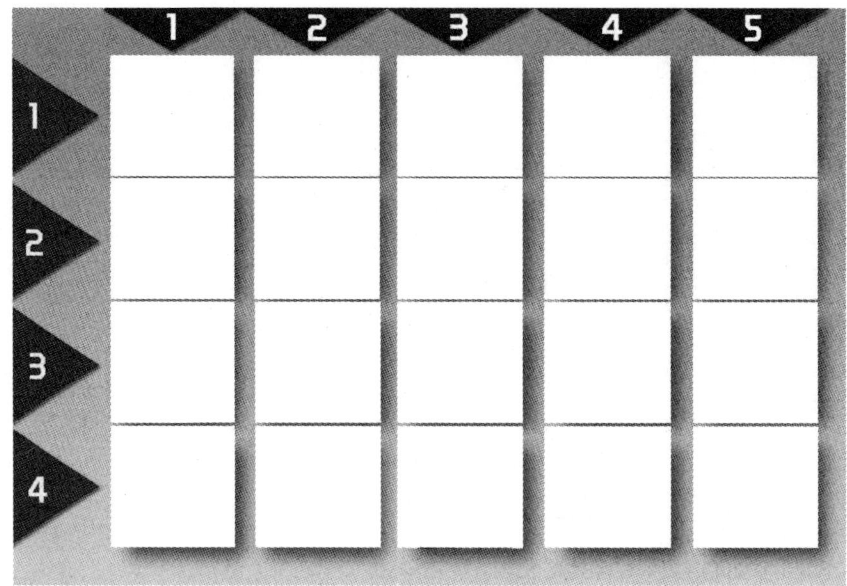

恭喜你耐心地完成了测试，上面6道题的总分加起来一共是105分，你得了多少分呢？如果你严格按要求完成了测试，并达到70分以上，那说明你的记忆力还是不错的。当然，我们无法通过简单的几道测试题就断定一个人记忆力的好坏，但我希望通过上面的测试，让各位读者认识到自己记忆力的不足之处，以便今后有的放矢地训练。

第二节　注意力测试

测试1

在以下数列中，每行都有一些两两相邻、加起来等于10的数，请找出来并划上横线，例如97543354682254668574635296645342。

A：29148756394678831234567898765437

B：98765432198765431421521621728192

C：12345678912345671521631746135124

D：33467382914567349129123198765190

E：58982774675370988028382032465934

所用时间：____________________。

如果能在40～50秒之间全部正确地完成，说明注意力比较优秀。

测试2

在下面被打乱的数字中，请按照1～15的顺序画出来，并记录所花的时间。

12 33 40 97 94 57 22 19 49 60 27 98 79 8 70 13 61 6 80 99 5 41 95 14 76 81 59 48 93 28 20 96 34 62 50 3 68 16 78 39 86 7 42 11 82 85 38 87 24 47 63 32 77 51 71 21 52 4 9 69 35 58 18 43 26 75 30 67 46 88 17 46 53 1 72 15 54 10 37 23 83 73 84 90 44 89 66 91 74 92 25 36 55 65 31 0 45 29 56 2

所用时间：________。

如果你在30～40秒之间就找到了15个顺序数字，那么你的注意力应该属于优等了，大约只有5%的人有这样的能力。

测试3

请按照1～25的顺序，在每一个数字下面迅速标记一个记号，并记录所花的时间。

5	25	14	9	8
4	13	2	17	20
21	6	22	19	12
7	18	10	1	23
24	15	16	11	3

所用时间：________。

这个测试叫舒尔特图测试，有各种不同的难度，我在教学实践过程中发现，大多数孩子当然也包括成人，只要坚持每天或者隔天做3～5次舒尔特图注意力的练习，一两个月后注意力便会有明显的改善。25个数字的舒尔特图测试一般平均成绩在20秒，10秒以内为非常优秀的成绩。这个测试也可以当作一个和朋友或者家人互动的游戏来做，在平板电脑以及手机上都有相应的免费下载软件，搜索“舒尔特图”即可。

测试4

下图有3个完全相同的侧影，请用最快的时间找出来。

所用时间：____________________。

完成这个测试需要一定的耐心，大多数人能在3分钟内找到答案。第一行的第四个和第五行的第六个、第六行的第七个是同一个侧影，你找到了吗？

记忆力和注意力的测试严格来说并不能完全分开，因为记忆的同时需要注意力的集中，注意力的测试往往也需要记忆来协助完成。我们说一个人聪不聪明，还应该包括创造力、逻辑思维、反应速度、理解能力等，无法用一两个简单的测试来说明问题。因此，上面测试的目的更多的是让读者做好大脑的准备运动，你不妨把刚才的测试都当成游戏，放下压力。

在我们正式进入下一章提升记忆力的学习之前，你可以尝试一下我们之前谈到的α波状态调整，让自己进入一个高效的学习状态，更能事半功倍。

第四章

提升记忆力的基本功

第一节　思维发散

你有没有想过人是怎么产生想法，又是怎么思考问题的？科学研究表明，大脑的意识是一张巨大的网络，我们思考问题是先产生一些零散的关键词，然后再把它们相互联系起来，换言之，发散思维是我们大脑思考的本质。

发散思维是一种创造性思维，一种突破常规的思维，也是一种将枯燥的记忆变得有趣的思维手段，它直接影响记忆的速度，被称为世界上最伟大的思维方法之一。那么让我们进行下面几个练习，改变一下我们固有的思维习惯。

练习1　笔可以用来干什么？尽可能多地写出你的答案。

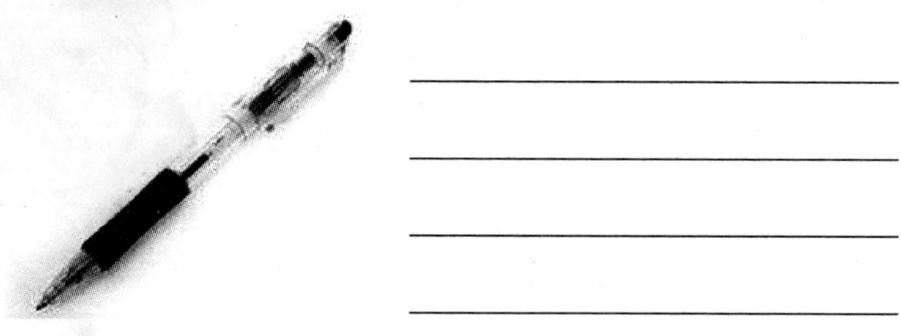

练习2　魔方可以用来干什么？尽可能多地写出你的答案。

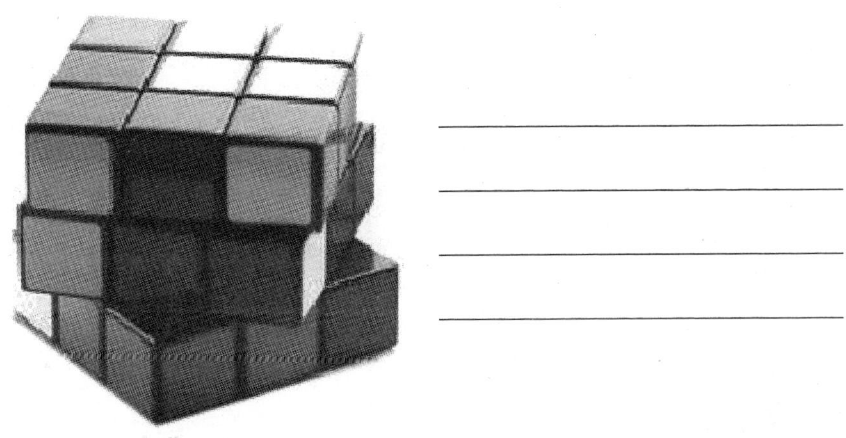

你写出了多少种答案呢？你肯定会说笔可以用来“写字”“画画”，魔方可以用来“玩”“搭积木”等，你的回答当然正确，但这是它们的基本功能，也是任何人都能说出来的用途。大部分人会形成思维定式，用逻辑关系来进行判断，你不妨摒弃这种逻辑关系，把你能想到的方方面面的用途进行延伸，你就能得到更多的答案。

题目中我们并没有规定笔的大小、数量等，两支笔可以用来当筷子夹东西；可以把很多笔捆在一起做成扁担抬东西，做成棍子当武器；圆珠笔可以把笔芯拿出来回收墨水，做成染料；塑料的笔套可以回收做成瓶子，做成塑料船，利用形状固定东西，当作担架等，说到这里你是否想到五颜六色的魔方有更多用途了呢？在一本非常畅销的商业励志图书《别针的一万种用途》中，作者就鼓励大家开放思维模式，打破一成不变的惯性思维。当你突破这种惯性你会发现，你的思维豁然开朗，因此，发散思维也是一种创造性思维，然而多数人正是缺乏这种创新思维。

俄国心理学家哥洛万·斯塔林茨做实验表明，任何两个概念或者两个词都可以经过三个以内的阶段建立起联想，比如“台灯”和“地球”怎么建立联系？这两个词并没有直接的联系，但是我们可以通过“台灯”直接联想到“光”，通过“光”想到“太阳”，由“太阳”就能直接想到同为星球的“地球”了。

建立联系时每个人都会给出不同的答案，接下来我们做下面的思维练习。请在下列给出的词语中添加联系，最少一个，最多三个，注意，建立联系的中间词一定是能和前后词语产生直接联系的词。

练习3

钢琴 苹果；爱因斯坦 汽车； 圆珠笔 英国； 佛祖 医生；

记忆力 纸巾； 风车 积木；汽水 房租；足球 飞机

这个练习对于学生阶段的孩子而言是十分重要的，它既能锻炼和考查孩子的联想思维能力，同时也是一种很好的游戏互动手段。在平常的教学过程中我经常会发现有很多孩子性格过于内向，每次提问他们都闭嘴不答，作为老师和家长就很难了解到孩子内心的想法，长期以来孩子就会养成思维的惰性。因此，可以多利用这样的练习做互动，和孩子产生交流，让他们参与并乐于其中，给大脑提供积极的“转动”机会。作为成人读者，我们也应该注重概念之间前后联系的重要性，**概念的转化是速记经常用到的手段，**后面我们会逐步讲述。

在此我们列出练习3的答案，以作参考：

钢琴→曲子→歌曲《小苹果》→苹果

爱因斯坦→牛顿→动力→汽车

圆珠笔→考试→外语→英国

佛祖→观音→求子→医生

记忆力→头→鼻子→鼻涕→纸巾

风车→木材→积木

汽水→超市→收银→钱→房租

足球→白色→白云→天空→飞机

做了以上3个练习，或许你开始明白发散思维的要点，就是从一个点发散性地进行联想，关联起与之相关的若干事物，这在实际工作和学习中都有运用。比如正在即兴演讲的老师，突然受到干扰，话题有所停顿，那么他可以马上发散性地联想和现在话题相关的其他事情继续演讲，或者想到一些关键词进行发散再即兴发挥。这样的运用在旅游工作者当中也特别常见，很多经验不丰富的导游在车上讲解总是生搬硬套，就像在背导游词，经常出现停顿、掉篇幅等问题，而一些经验老到的导游在讲解的时候总是信手拈来，看到什么就讲什么，针对话题再发散，特别是作为外语导游在给外国游客讲解中国的时候，这样做就可以避免没话题讲的尴尬。

除了思维的跳跃，我们也需要训练速度。在实践当中很多人可以马上想到相关事物，而有的人却要花费更多的时间，这是因为长期的逻辑思维训练让我们更习惯于推理式的线性思考、有先后时间关系的因果关系的思考，而跳跃性思维却没有得到更好的锻炼。下面我们进行发散思维的速度练习 。

这个练习更适合3人以上来进行，你可以把它看成是一个思维游戏。先给出一个词，然后按接龙的顺序，每个人用最快的时间说出想到的有直接联系的物品，物品不能重复。如果作为游戏再配上一个口号，那么延续性会更好，比如给出的词是“剪刀”，听到“剪刀”的一瞬间，A说“说到剪刀想到指甲”，B接着说“说到指甲想到指甲油”，C说“说到指甲油想到彩色”，D说“说到彩色想到彩虹”……如此反复。

练习4

再如给出的词是“马克思”，说到马克思想到“俄国”，说到俄国想到“北方”，说到北方想到“寒冷”，说到寒冷想到“冰块”，说到冰块想到“火焰”，说到火焰想到“红军”，说到红军想到“毛主席”，说到毛主席想到“天安门”，说到天安门想到“历史”，说到历史想到“老师”……

说到“相对论”想到

说到“咖啡”想到

说到“勇敢”想到

说到“香味”想到

说到“心情”想到

说到“皱纹”想到

说到“机器猫”想到

说到“油条”想到

说到“梧桐树”想到

反应时间过长、重复、联系不够直接都算错误。

这个训练的目的在于锻炼反应速度，因为每个人都不知道上一个人会给出什么样的答案，不能对其预见，所以听到答案再说出自己的词能很好地反映我们大脑的思考状态。多人进行的时候每个人都加上游戏语“说到……想到……”，让训练更有趣味性的同时也给了自己一点思考的时间，一个人练习的时候可以追求更高的速度，来一次高速的大脑风暴。

为了读者更方便地练习，在此列出一些词语供大家发散联想，你可以和朋友一起完成，也可以自己边想边写来完成。

发散思维是空间拓宽性思维，是对问题进行多方位、多层次、多角度的思考方法。曾经有位心理学家要求被测试者用6根火柴摆出4个三角形，许多测试者无法完成，其原因是受到了平面的限制，没有从立体的角度来考虑。如果从立体角度出发就可以搭一个正三角锥体，那么就有4个三角形了。因此，发散思维的实质就是要打破常规和定式，打破条条框框的限制，提供新思路、新思想、新概念、新办法，它也是快速记忆中必须用到的基本功。

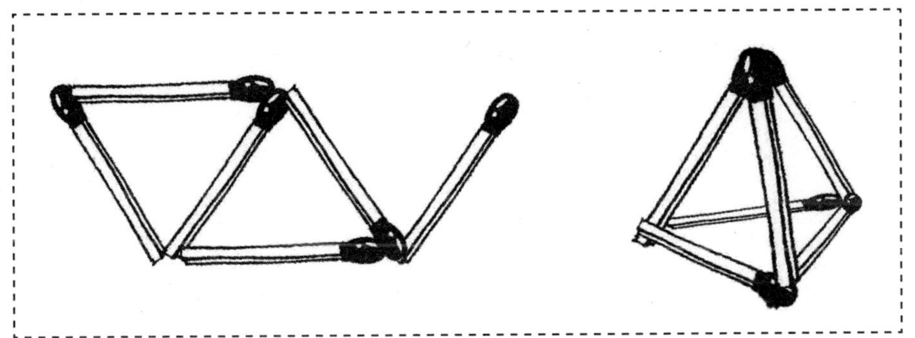

第二节　动态联想

对比下面每一组的A、B两个句子，回答后面的问题：

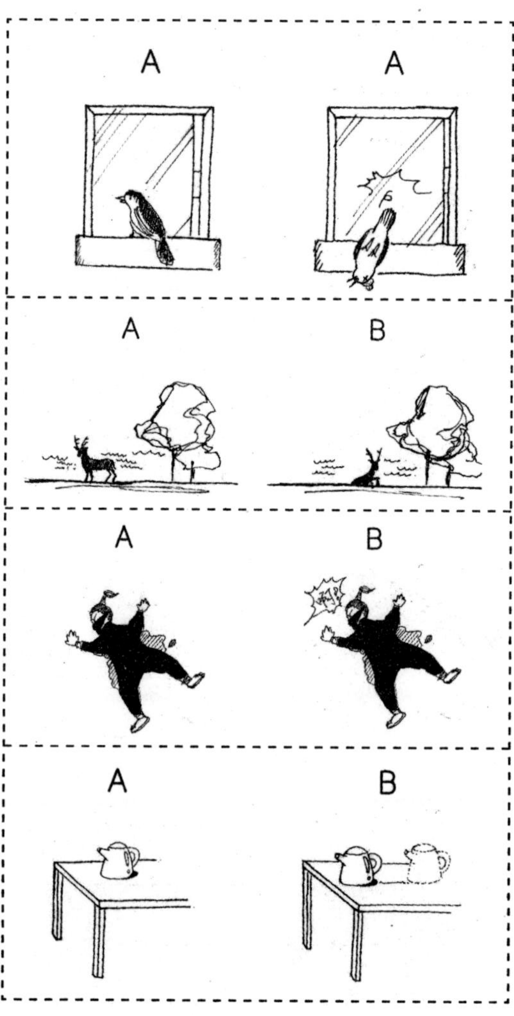

第一组

A:窗户边上有一只麻雀。

B:麻雀撞在了窗户上。

第二组

A:湖边上有一只梅花鹿。

B:梅花鹿离开湖里游上岸来。

第三组

A:一个黑衣人死了。

B：一个黑衣人倒地大叫“啊！”的一声，然后死了。

第四组

A:桌子上放了个铁壶。

B:桌子上放的铁壶由于桌面不平在慢慢滑动。

请回答你对A和B哪一个印象更深刻？你的回答一定是B。比起静态的事物，动态事物给我们大脑留下的印象更加深刻。**在快速记忆的领域，动态是记得牢靠的关键，运动的物体在大脑里面保存的时间更久，回忆的时候也更容易被想起**。即便是生活中基本不动的东西，我们都要在大脑里给它赋予一个动态的特征，这仿佛是给物品赋予生命，我们成为精神世界的上帝，让拥有生命的物品产生运动轨迹，让轨迹在脑海中尽可能长留。

这和比起看文字，我们的大脑会对动态的电影、动画更有兴趣是相同的道理。但我们如何给那些生活中很少动或者根本就不动的物品赋予动态特征呢？请注意，你只有做好了动态的练习，才能独自完成本书后边的记忆任务。

练习1

请赋予下列物品一个或者多个动态特征。

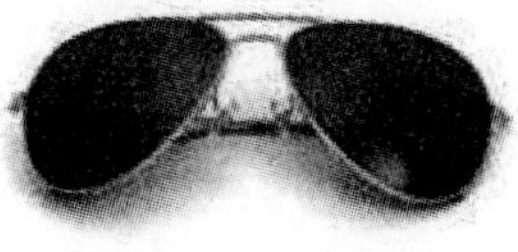

花瓶：______________________________。

金字塔：______________________________。

螃蟹：______________________________。

磁铁：______________________________。

太阳镜：______________________________。

书本：________________________________。

可能你不是很了解如何让物品在脑子里动起来，物品的“动作”既可以是该物品经常发生的有特征的动作，也可以是人为虚拟附加给予的动作，但动作当中必须有该物品的特征融入其中。比如花瓶可以滚动或者“咣”的一声碎裂，在这里，花瓶的形状是细长的，因此滚动是它的特征性动作，花瓶也是陶瓷的，所以碎裂也是它的特征性动作。如果附加给予花瓶“弹跳”的动作那就不恰当了，因为弹跳并不是它的特征。所以，金字塔可以飞沙崩溃，也可以泰山压顶；螃蟹可以用钳子夹，也可以四脚朝天转动；磁铁可以强力地吸住任何包括不是铁的东西，也可以虚拟一个磁场线穿透；太阳镜可以虚拟发射激光，也可以用镜片反光照射；书本可以自动翻页，也可以撕碎飞舞。**请记住，我们赋予物体动态的意义在于将记忆加深，习惯将有生命或者没生命的物品动起来，是过目不忘的关键。**

我们再来做一个生动的动态练习，看看你是否能在大脑中栩栩如生地想象这一切。

练习2

◇ 想象有一只褐色的螃蟹在你的眼前，你看着它，它也看着你；

◇ 能否看到螃蟹嘴巴吐出泡泡，眼睛有规律地在动；

◇ 螃蟹突然绷直身体，高高举起钳子；

◇ 改变角度，从正面的斜下方观察螃蟹，能否看到它肚子上的纹路，把它翻过来四脚朝天；

◇ 想象用棉花签抚摸它的肚子，它的脚在乱动；

◇ 回到最初你和它四目相对的状态，想象它从右往左爬了过去，之后紧接着是无数只螃蟹爬过去的场景；

◇ 回到最初你和它四目相对的状态，想象螃蟹慢慢变大，还能听到蟹壳“咯咯”的声音，它变得像电视机一样大。

在上面的练习中你是否在大脑中清晰地看到想象的画面呢？螃蟹壳的反光、质感，脚上的茸毛，螃蟹举起钳子的动态以及无数只螃蟹爬过眼前的画面，如果在脑中能清晰地显现，说明你有较好的动态联想能力，对于掌握记忆力的秘密你更近了一步。通常情况下，学习记忆力的时间越长，联想的清晰度也会慢慢变高，打个比喻，就像大脑中最初看到的是标清电影，随着练习，慢慢会变成高清乃至超清电影一样，如果想象力能够达到这样的境界，那么我们在阅读课文的时候，书中的场景会像3D画面一样跃然在眼前，看书就变成了看电影。

有了上面的介绍，你能否想到下列物品的动态特征？

练习3

电视：____。

湖水：____。

戒指：____。

练习4

做细节想象力联想，每一个联想尽量做到让大脑中的图像清晰并至少保持30秒。

◇联想把海水当作被子盖到身上（触觉）；

◇联想用刀刃刮一个木球，刮出木屑和声音（听觉）；

◇联想森林里的大树树干变得很柔软，随着你的指挥整齐地摆动（视觉）；

◇联想拿起一块切好的芝心披萨，芝士连在一起越拉越长，然后放到嘴里（味觉）；

◇联想自己的身体被缩小100倍并身处花海在其间奔跑（整体）。

第三节　特征转化

特征的转化是运用记忆术快速记忆时的第一步，相信不少读者看过江苏卫视《最强大脑》的节目，其中识别人的面孔、记忆川剧脸谱、记忆指纹、记忆钥匙纹路等神乎其神的表演一定让你印象深刻，**其实选手们在台上做的就是转化和记忆两个步骤，转化的速度和效果直接影响到选手们的挑战是否成功**。因此，了解转化思维和掌握转化技巧是学习记忆术非常关键的一环。

借用自己的身体，选择身体从上至下的10个部位作为参照物，打开联想力的大门，我们来感受一下什么是特征转化。

1.你的**头**顶了一只**鹅**；

2.你的**眼睛**被**夹**子夹住；

3.你的**鼻孔**里抠出**麻将**；

4.**门牙**被黑色的**煤**炭打掉；

5.你的**脖子**被扇了**一巴掌**；

6.用**奥利奥饼干**表演**胸口**碎大石；

7.**肚脐眼**被**印章**印了个图案；

8.**双手**扶着**游艇**吹风；

9.**屁股**吹**萨克斯**；

10.**脚**上写了“**2**”和“**吉**”。

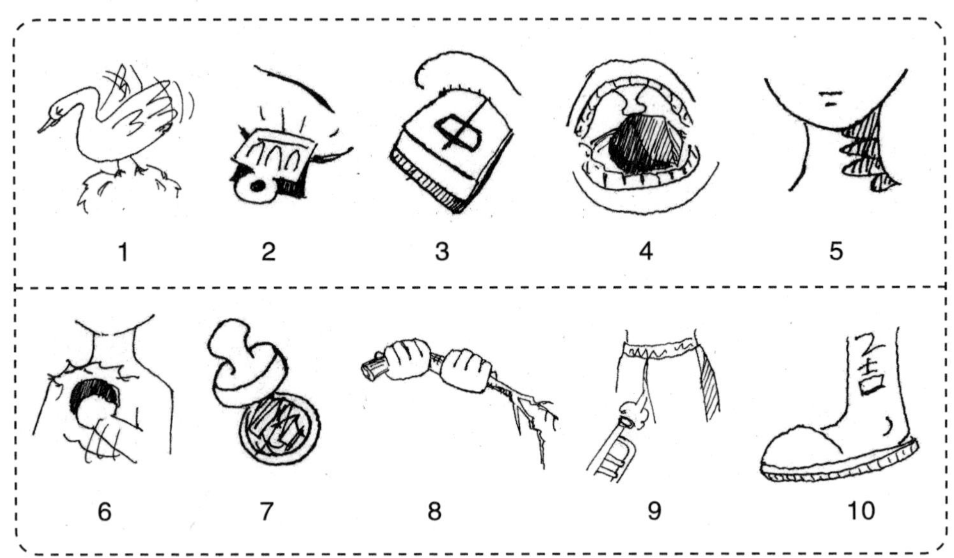

按身体部位从上到下的顺序，回想一下，你记住了吗？

如果你记住了身体上的10个物品，那么你就已经记住了世界前十大面积国家的排名，分别是：1.俄罗斯→鹅；2.加拿大→夹子；3.中国→麻将；4.美国→煤；5.巴西→巴掌；6.澳大利亚→奥利奥；7.印度→印章；8.阿根廷→游艇；9.哈萨克斯坦→萨克斯；10.阿尔及利亚→“2”和“吉”。在这里，每一个国家都是我们熟悉的名词，也是一些具体的名词，但是我们看到这些名词的时候大脑往往抓不住重点，由俄罗斯或许我们会想到寒冷，想到马克思，想到“二战”等，它是一个范围很大指向很广的名词，因此大脑对它进行记忆的时候，它会是一个比较抽象的概念，即使被记住了，信息也会随着时间的推移而变得模糊，最终被忘记。如果我们将“俄罗斯”的“俄”字用谐音的“鹅”来代替，一个笼统的名词就变成了一个非常具体的名词，有形状、有大小，我们能感知它的动态甚至温度，这就叫转化。

转化有多种多样的方式，归根结底靠的是抓取特征的能力。上面我们在记忆中国的时候就没有采用谐音，而是把它转化成了麻将，因为麻将是中国的一种文化元素，也是一种文化特征，抓住这种特征将没有形状或者形状比较笼统的东西转变成有形的东西，就是转化的过程，你也可以从其他视角将中国转化为熊猫、龙、灯笼、天安门等，只要是具体的有形的物品基本上都是可行的。

我们再来看下一个例子，你能在5分钟内记住下面这些人的名字吗？

在此我们要清楚一个概念，我们识别一个物体的时候，大脑是抓住该物品的特征然后进行判断，并没有对细节进行一一处理。打个比方，你的好朋友小王，即使几年不见，偶然一天在街上看见他的背影，你都会跑上去打招呼，“看见背影”即是已经识别，或许一个动作、一个手势你就可以基本断定是他，当你上去进一步确定是不是他的时候才会需要细节信息的补充。但我们大脑的工作机制就是“识别主要特征”，大多数时候不需要处理多余的信息。

上面我们在记忆俄罗斯的时候，仅仅通过“鹅”就能想起俄罗斯，我们并没有逐字逐句把所有字都进行记忆，因为“俄罗斯”这三个字是在我们大脑中已经存在的信息，我们需要的是提取它的一个线索，那就是“鹅”。在工作中，我们往往会和很多人打交道。也许你有这样的经历，在一次聚会上老板介绍客户，当和每一位客户交换完名片以后马上就忘了第一位交换名片的人，到底哪一位是李总哪一位是陈总已经摸不着头脑了。在这一节我们既是在讲转化，也是在讲特征的提取，两者是同时进行的。上面的人脸记忆，即使脸部都非常相似，我们也能从发型、装饰、服装等方面抓取特征进行转化。比如第一行第一个人的发型像一本翻开的书盖在头上，我们就可以将她转化为一本“书”；第二个人的发型像“拖把”；第三个人带了两个大耳环，可以想象成带了两个很大的“玻璃球”；第四个人的耳环像两把“剑”等。

转化是记忆任何内容的第一步，可能你看过几分钟内记一两百个数字的表演；看过拿一本字典或者一本书，随意点背、倒背如流的表演；看过十多分钟让还不认识英文字母的孩子认识几十个英语单词的表演等，这些都是进行了转化。下面我们来看一个关于数字的转化，它出自数学家华罗庚之手。

圆周率小数点后101位的谐音：

3.1 4 1 5 9 2 6 5 3 5 8 9 7 9 3 2 3 8 4 6 2 6

山巅一寺一壶酒，尔乐苦煞吾，把酒吃，酒杀尔，杀不死，乐尔乐。

4 3 3 8 3 2 7 9 5 0 2 8 8 4 1 9 7 1 6 9 3 9 9 3 7

死珊珊，霸占二妻。救吾灵儿吧！不只要救妻，一路救三舅，救三妻。

5 1 0 5 8 2 0 9 7 4 9 4 4 5 9 2 3 0 7

吾一拎我爸，二拎舅，其实就是撕吾舅耳，三拎妻。

8 1 6 4 0 6 2 8 6 2 0 8 9 9 8 6

不要溜！司令溜，儿不溜！儿拎爸，久久不溜！

2 8 0 3 4 8 2 5 3 4 2 1 1 7 0 6 7 9 8

饿不拎，闪死爸，而吾真是饿矣！要吃人肉？吃酒吧！

从上面的例子我们可以看到，大脑对无意义的东西是很难记忆的，通过谐音的转化，当无意义的圆周率变成了一首有意思的诗的时候就很好记忆了。除了谐音，我们可以运用象形文字的思维将数字变成其他东西，以记忆十二星座为例：

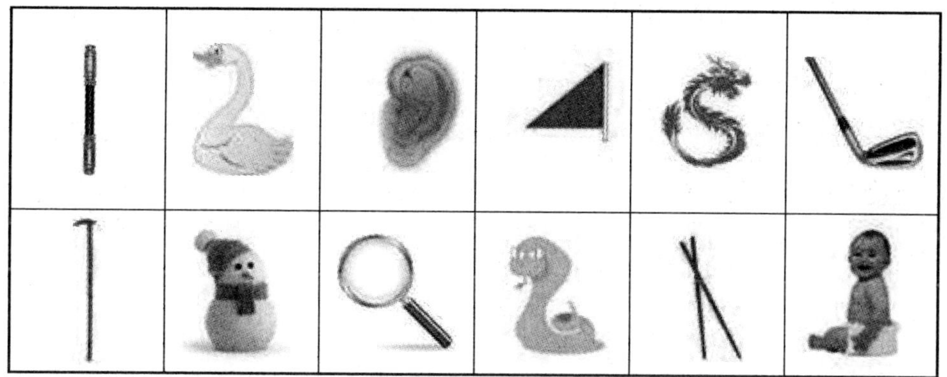

通过上面的转化，1像“金箍棒”，2像“鹅”，3像“耳朵”，4像“小旗”，5像“飞龙”，6像“高尔夫球棍”，7像“拐杖”，8像“雪人”，9像“放大镜”，10谐音“蛇”，11像“筷子”，12谐音“婴儿”。

每个星座都在20日～次月的20日，天数具体会有一点误差，比如摩羯座是12月22日～1月19日，但误差不会超过3天，所以我们大概按20日来记忆，遇到刚好在20日前后出生的朋友再具体确认。

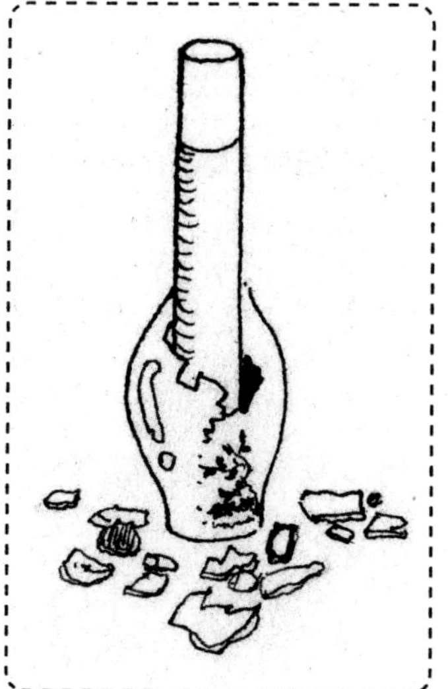

从第一个月开始，1月20日～2月18日是水瓶座，即1月对应水瓶，运用刚才的转化，我们可以联想：将金箍棒插到水瓶当中，金箍棒不断变大把水瓶撑碎。在这里我们将两者的特征都牢牢结合，金箍棒可以变大变小，瓶子可以破碎，所以在回忆的时候只要想到1是金箍棒，一定可以想到它和水瓶之间发生的动作；

2月联想一只鹅嘴巴叼了两只鱼，所以是双鱼座；

3月联想羊在咬自己的耳朵，所以是白羊座；

4月联想用小红旗斗牛，所以是金牛座；

5月联想两个小孩骑着一条龙在天上飞，所以是双子座；

6月联想高尔夫球棍在沙滩上打飞了一只螃蟹，所以是巨蟹座；

7月联想用拐杖给狮子的鬃毛打掉灰尘，所以是狮子座；

8月联想一个小女孩在堆雪人，所以是处女座；

9月联想用放大镜看天平的刻度，所以是天秤座；

10月联想蛇在和蝎子打架，所以是天蝎座；

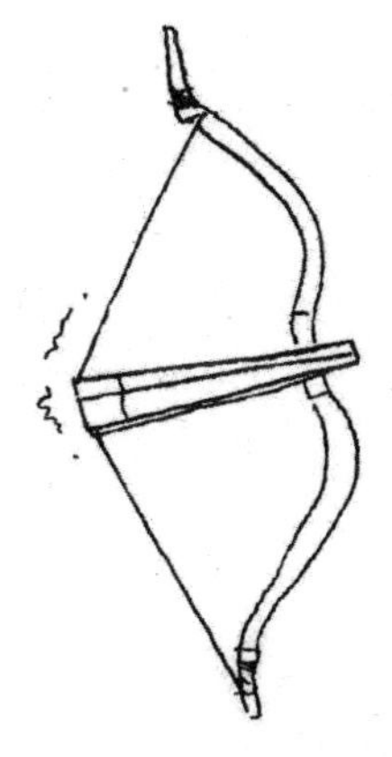

11月联想射手用筷子代替弓箭射击，所以是射手座；

12月联想婴儿在骑摩托车，所以是摩羯座，因为摩羯是不存在的动物，没有具体的形状概念，所以这里运用谐音转化，用摩托车代替。

将数字编码化是一个完整的记忆系统，也是我们下一章将要重点讲述的内容，它将成为伴随我们一生的思维工具，在此，大家先做简单了解，下一章再具体学习。

再来看几个英语单词的例子。

ambulance 救护车

谐音记忆：俺不能死

pregnant 怀孕

谐音记忆：派个男的

custom 海关

谐音记忆：卡死他们

landlord 地主

谐音记忆：懒得劳动

admire 羡慕

谐音记忆：额的妈呀

temper 脾气

谐音记忆：太泼

economy 经济

谐音记忆：依靠农民

share 股份

拼音拆分：sha-re（n）要得到股份就杀个人

human 人类

拼音拆分：hu-man爱吃胡萝卜和馒头才是人类

guide　导游

拼音拆分：gui-de贵的导游请不起

floor　地板

灵活运用：f缝隙；loo数字100；r像小草，地板缝隙长出100根小草

shell　贝壳

灵活运用：she她；ll像筷子，小女孩拿着筷子在夹贝壳

delight　快乐

灵活运用：de得；light光亮，得到光亮就很快乐

通过上述例子我们可以看到，不论是无规律的数字信息还是零散的文字信息，我们都是将它们变成有形的东西，然后进行记忆，或者把未知的东西变成我们已经知道的东西进行记忆。这就是记忆学的奥秘所在，把枯燥的逻辑思考、以往的反复记忆变成生动的联想记忆。只要做到了抓住特征并加以想象，相信你的记忆力一定会有一个质的飞跃。

也许你会觉得转化这个步骤会很花时间，或者你掌握不到转化的要点，或者转化后的内容记住了，但是却无法还原成它原来的内容，这是需要通过锻炼而逐步改善的。我们经常看到记忆达人快速地记忆单词等，但是把他转化过的内容拿给没有练习过记忆力的人，可能根本无法还原，甚至你会觉得还是“死记硬背”不那么麻烦。**如果你是这样认为的，一定要改变这个想法，通过练习克服这个困难。**你在刚刚接触记忆术的时候会觉得并不是每一个需要记忆的信息都能转化，你可以从简单的开始，想不到如何转化的先暂时放到一边，慢慢地你会熟练这种技巧，一旦你转化成功，使其变成一个良好的思维习惯，你会发现生活中处处充满色彩，学习中处处充满欢乐。

我们从简单到难来做几个转化的练习。

练习1

将下面的抽象名词尽可能多地转化成具体的名词。

曹：

美丽：

芳香：

流行：

古典乐曲：

自强不息：

超越自我：

酸甜苦辣：

上面的练习中，“曹”字你很可能会想到曹操，但是在记忆过程中我们发现，这样的转化不是太好，因为曹操虽然是一个实际的历史人物，但是你对他的认识是比较模糊的，通过电视剧你可能会熟悉他的长相，但是并不是只有一部三国题材的电视剧，也不是只有一个演员在演，所以你对他认识的模糊性会给记忆造成干扰。如果抓取的是一个古代衣服的特征，同样在记忆其他历史人物的时候很有可能会混淆，因此我们的转化最好是非常清晰、熟悉的转化。

练习2

将下面的具体名词尽可能多地转化成图形非常清晰的物品。

例如：诸葛亮：孔明灯、羽扇、木牛流马

曹操：

军师：

司令：

慈禧：

李白：

美国：

故宫：

酒吧：

练习3

假想你来到某个美丽的星球，星球上有不同的国家，你如何快速区分它们？请将下面的地图转化为具体的物品。记忆真实国家与行政区划分也用同样的方法。

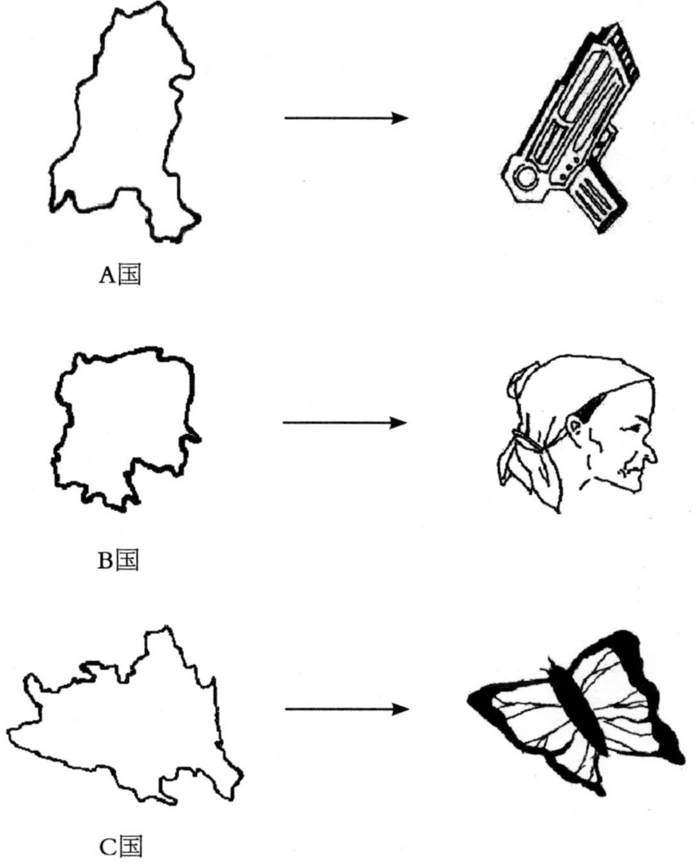

你的转化：

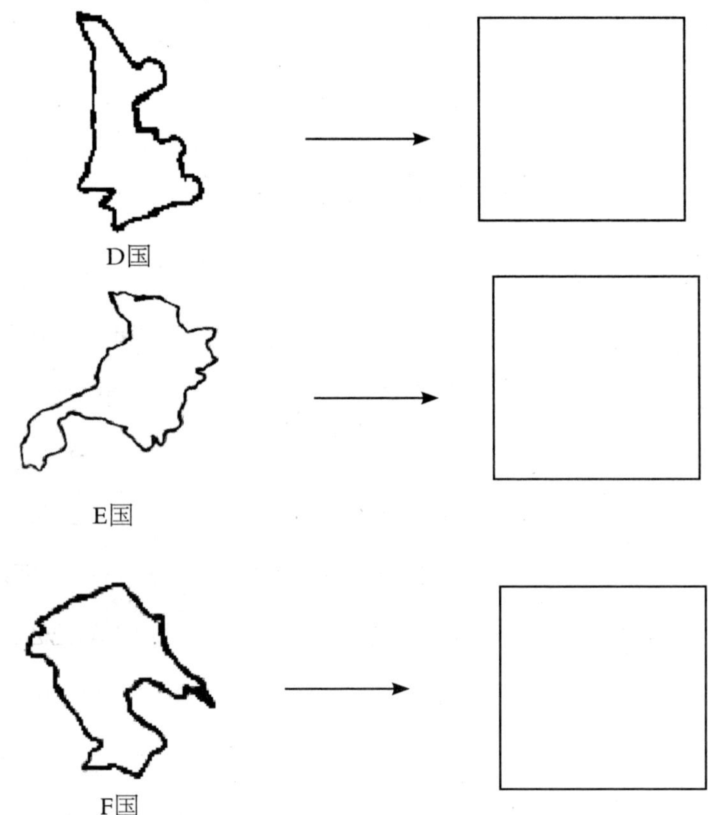

你可以对整体进行转化，也可以对某个局部进行转化，你可能转化得比较贴切，也可能转化得比较牵强，但在对地图的实际记忆当中，把最具特征的地方转化成动物或者其他物品的方法是我们最常用的手段。这种方式可以有效训练我们抓取特征的能力，简单地说，不能抓取特征就不可能做到高效记忆，学习记忆术就需要习惯这样的思维方式。

第四节　创造连接

什么叫“创造连接”？简单地说就是让原本不相干的两个以上的物品产生某种动态的联系。比如第3节当中星座记忆的例子：1月的金箍棒撑破瓶子，由于“撑破”这个动作，金箍棒和水瓶就产生了联系，“撑破”就是我们在大脑中通过联想而创造的连接；2月的鹅和鱼原本没有联系，通过想象力，我们把两者揉到了一个画面中，那就是鹅“扑通”一下钻进水里叼了两只鱼，“叼”就是两者的连接。要注意，正是有了这样的“连接”，才能形成我们的记忆。

当我们运用记忆术记忆大量数据的时候，连接的牢靠性就决定了我们记忆的准确率。我们可以想象一下小草破土而出的画面，小草从泥土缝隙中坚强地挺出绿芽，绿芽沾满了细细的沙子，它伸了伸懒腰，然后飞快地长着个子。但是你能想象小草从铁皮中长出来的画面吗？这样的画面在现实生活中是并不存在的，在大脑当中人为地构建这个画面就是我们所说的创造连接，你可以想象小草先把铁皮顶凸起来，然后绽开一个十字形的裂缝，小草钻出裂缝，铁皮还发出“嘎吱”的声音。

再来想象一下现实生活中完全不动的两个物体如何创造连接，比如泰山和金字塔。我们可以想象泰山压顶，压在金字塔的上方，然后金字塔像我们平时吃饼干掉饼干屑一样掉下很多砂砾，然后被压扁；也可以想象泰山突然山崩地裂，岩石开始脱落，然后内部崩塌出来一个金光闪闪的金字塔；甚至可以想象走进金字塔的内部，发现了一个迷你泰山。

两个相似的物品我们又怎么创造连接呢？比如海水和水珠。我们可以想象海面上下起了大雨；也可以想象海面上雨水倒流从海面升到天上；或者一个巨大的水珠突然掉进海面溅起了浪花；甚至可以想象海面升起无数根巨大的水柱。

两个物品之间的联系是千丝万缕的，也是无穷无尽的，关键在于抓住特征，然后将特征紧紧相连。比如泰山和金字塔，我们虽然改变了它们的大小，但是每一种联想我们都运用了泰山是岩石组成的特征，运用了金字塔是沙子材质的这个特征；再拿海水和水珠为例，我们的联想改变了水珠的形状，但这恰恰是运用了水的无形这一特征。**创造连接应该不拘泥于逻辑，只要是抓住特征的、动态的、纯粹的、富有更多感情的都是不错的联想。**

我们运用从本章第1节到现在学习的要点来尝试转化一个稍稍“麻烦”一点的内容，在这里用一种有趣的方法来记忆“四书五经”。弘扬社会主义核心价值观和中国的传统文化，我们通常会提到“国学”一词。“四书五经”里的一些经典内容常常被我们用于国学的教育当中，然而，你知道四书五经都是哪些书吗？它们分别是《论语》《孟子》《大学》《中庸》《诗经》《尚书》《周易》《礼记》《春秋》。在此，我们综合运用发散、动态、转化和连接等技巧，利用“国学”和“经典”这四个汉字来尝试记忆，记忆过程如下：（这里当然有更简单的方法，但此处意在体验不同的方法和训练）

首先，用“国学”二字来记忆四书，通过“国学”我发散到“经典”，于是我们再用“经典”二字来记忆五经，“借已知来记忆未知”，这样以后提到四书五经的时候我们只要想到“国学经典”这四个字就可以了。其次，通过转化可以得到：《论语》转化为“轮子”；《孟子》转化为“梦”；《大学》转化为具体的“大学教学楼”；《中庸》转化为一副包好的“中药”；《诗经》转化为“狮子”；《尚书》转化为“桑树”；《周易》转化为看方向的“罗盘”；《礼记》转化为一盒漂亮的“礼物”；《春秋》转化为“春卷”。最后，开启你的联想力并尽可能地看到细节，我们**按文字书写的顺序，**联想记忆过程如下：把“国”字的“口”字旁想象成一个转动的“轮子”；“玉”字想象自己做了一个美“梦”，梦里抱着玉石；“学”字想到具体的“学校”；然后在学校买了很多“中药”，“国学”二字每一个字记了两本书名，至此四书记忆完毕。接着把“经”字的绞丝旁“纟”想象成无数细丝缠住了一头挣扎的狮子；右下的“工”字像一个“哑铃”，想象把哑铃扔到了“桑树”上；“典”字的“曲”字部分看作“罗盘”；“曲”字下面的一撇一捺看做礼物包装的“飘带”；最后想象打开礼物里面装满了“春卷”。

上面的内容作为一个练习材料，我们运用了发散、抓取特征后通过几次转化，最后再联想并创造了连接，这便是一个完整的记忆过程。也许你会感到比较困难，但这里介绍的这种通过汉字的书写顺序来记忆的方法是一种对本章节学习内容进行整体练习的非常好的手段，同时也是一种记忆诗词等零散信息的有趣方法。现在，你不妨按“国学经典”四个字的书写顺序，看看自己能否能回忆起来刚才记忆的四书五经。这里还可以用最简单的口诀串联法记忆，将四书五经稍作排列调整：四书——梦《孟子》、中《中庸》、大《大学》、雨《论语》；五经——师《诗》、叔《书》、李《礼》、毅《易》、蠢《春秋》，串联起来便可记成：梦中大雨（梦见大雨还在读书）；师叔李毅蠢（师叔叫李毅，他很蠢，给了你很多金条）。

练习1

转动脑细胞，将下面的10个词连接起来，并写出你联想的过程。

青椒　大海　鲤鱼　皮带　大鹏　痰　蛋　羊　斧子　奶

在创造连接的过程中，我们只要将上面信息中相邻的信息两两相连就可以轻松地回忆起来。我们可以想象：掰开青椒涌出来海水，海水冲出很多鲤鱼，每一只鲤鱼都被皮带捆得死死的，一只大鹏飞来，抓住皮带就飞走了，它在天上往地上吐痰，硕大的痰砸下来砸到鸡蛋上，鸡蛋碎了钻出来一只羊，用斧子劈羊，斧子沾满了鲜奶。

在联想的时候我们已经准确记住了信息，不到一分钟的时间我们便记住了化学元素周期表前十位：氢（青椒）、氦（大海）、锂（鲤鱼）、铍（皮带）、硼（大鹏）、碳（痰）、氮（蛋）、氧（羊）、氟（斧子）、氖（奶），也许你会说这很简单，早已运用口诀记忆记得滚瓜烂熟了，那我们再用化学元素周期表中靠后的不常用的元素来作为练习材料，尝试记忆。

练习2

将下面的12个词连接起来，并写出你联想的过程。

夹子（钾）　盖子（钙）　康师傅（钪）　太阳（钛）

帆船（钒）　鸽子（铬）　蒙娜丽莎（锰）　铁链（铁）

鼓（钴）　镊子（镍）　桶（铜）　桃心（锌）

____

____

____

了解了连接以后我们还需要了解连接的前后顺序，例如，“夹子”和“盖子”，要记住顺序我们可以把盖子想象成施加动作的主体，想象盖子盖住很多夹子发出金属摩擦声，或是盖子旋转转飞了夹在边缘的夹子等。通常在世界脑力锦标赛中，为了提高记忆速度，部分选手会将连接固定下来，比如遇到同样的记忆信息“夹子”和“盖子”，想得永远是盖子盖住夹子发出声音这样的画面。**对于固定连接的联想我并不赞成，这样提升的速度只是暂时的，它并没有有效地**

锻炼我们的瞬间想象能力，想象力才是我们提升大脑的目的，如果将连接固定下来，当大脑对连接的兴奋期过去以后，记忆的准确率会变得非常低下。当然，对于动作施加的主体，可以是后者，也可以是前者，可以按自己的思维习惯进行练习。

练习3

将下列每组词语进行3种不同的联想连接。

例如：

玉米——石头

联想 1：无数玉米粒变成子弹击穿石头。

联想 2：陨石落在玉米地。

联想 3：石头裂开，爆出爆米花。

玉石——丝绸

联想 1：

联想 2：

联想 3：

电灯——飞碟

联想 1：

联想 2：

联想 3：

菜刀——烟雾

联想 1：

联想 2：

联想 3：

耳机——水

联想 1：

联想 2：

联想 3：

运用记忆法记忆的过程中，“连接”即是记忆的最后一步。**当我们看到材料，先经过“发散”和抓取特征快速地将信息进行“转化”处理，然后通过“动态”和“连接”将信息牢牢记住，这四个简单的步骤便是过目不忘真正的秘密，科学记忆的基本思路就是“将抽象变为形象，借已知记忆未知”。**只要认真地完成本章的练习，将这样的思维逐渐变成一种习惯，所有记不住的困扰都将迎刃而解。

练习4

用涂鸦的方式将下列词组联系起来，运用夸张、增加数量、违反常理的方法往往记忆得更加深刻。

例如：

雪山——鱼

联想：鱼把雪山吃了。

涂鸦：

青蛙——盾牌

联想：青蛙吐舌头攻击盾牌。

涂鸦：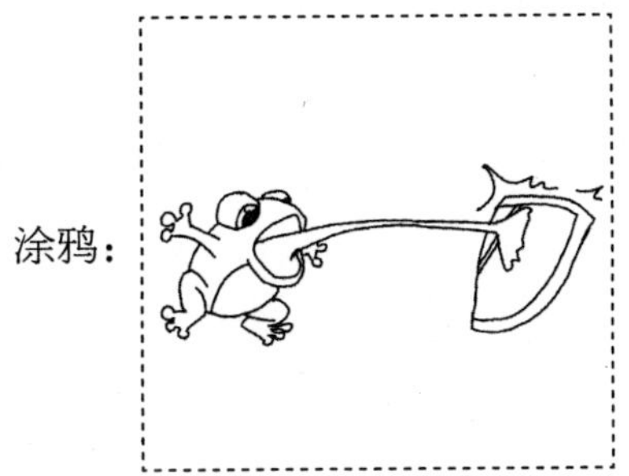

保险柜——海绵

联想：

涂鸦：

耳机——苹果

联想：

涂鸦：

水——剑

联想：

涂鸦：

第五章

打造思维工具

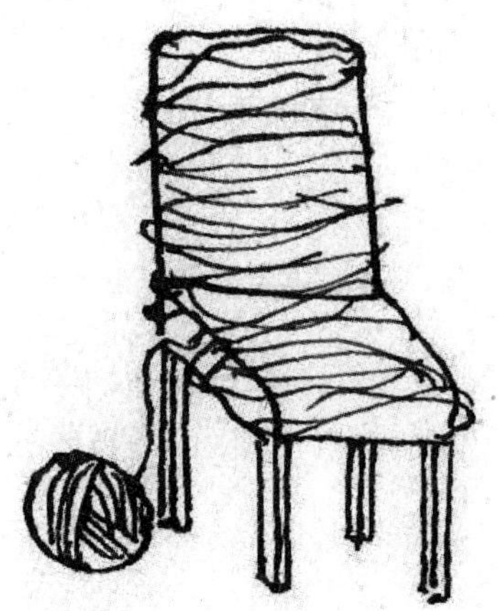

第一节　伴随一生的工具——数字编码

做好了一切准备工作，接下来我们将了解大脑最重要的思维工具——数字编码。数字编码也叫数字锁链，就是将00～99的数字转化为有形的物品，然后进行记忆的方法。在世界脑力锦标赛上，几乎所有项目都会和数字相关，数字的记忆也是所有项目的基础。

记得我在第一次接触记忆术的时候，在电视上看到非常简短的关于数字编码记忆方法的介绍以后，我激动得一个晚上都睡不着觉。介绍中说到将01通过谐音转化为绿叶，65转化为老虎，79转化为气球，然后记忆016579这串数字便是“绿叶中趴着一只老虎，老虎被绑在气球上”，这个画面在我脑海中停留了很多天，直到第二个星期要回忆这串数字的时候，画面依然能很快地浮现在眼前。凭着电视上这一段简单的介绍，我当天晚上便躺在床上对从01开始一直到99的数字进行编码，这便开始了我的记忆之路。

数字是世界上最伟大的发明，我们用它计时、用它测量、用它存储、用它计算等，人类的现代文明及科技发展正是建立在数字信息的基础之上。从日常生活到科学技术，可以说没有数字就不会有我们的现代文明，就在此时，我在计算机前敲打键盘的这一刻，所有的计算机多媒体信息也都是通过数字二进制编码进行处理而得以实现的。另外，数字还有一种更神奇的用途，那便是用来帮助我们记忆各种信息。

我们用谐音或者形象的方法将数字进行以下转化，请参考本书后面的彩插。数字编码是全世界记忆高手都会使用的完美系统，但数字转化的具体编码却因人而异，有的人将15转化为鹦鹉，有的人将其转化为衣服。为了方便学习，请先使用插图提供的编码，熟练使用以后再将个别的调整为更适合自己的编码。

例：00—锁链　特征：沉重　动态：缠绕

01—绿叶　特征：毛刺　动态：尖锐

我们不但需要记住转化以后的编码，还需要将其相互之间区分开来，每一个编码都应该有独自的特征和一种或者几种动态。下面为了调动大家的联想力，避免先入为主的观念影响发散思维，在这里不再给出特征和动态。

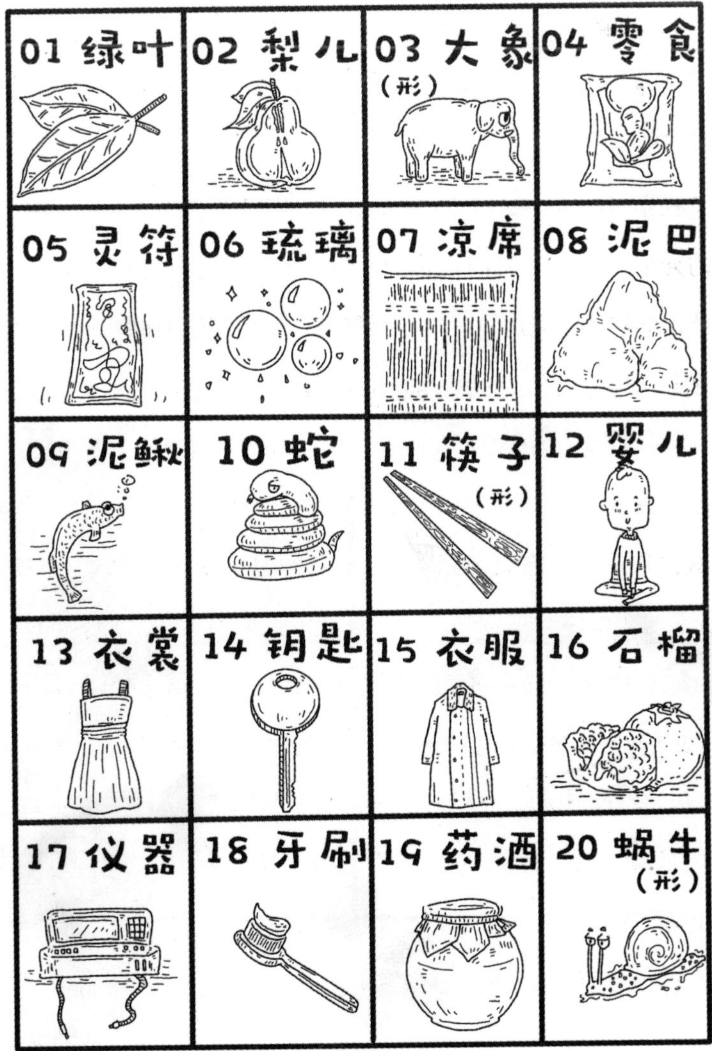

21 鳄鱼
22 耳环
（形）
23 乔丹
24 盒子
25 二胡
26 二轮
27 耳机
28 爱包
29 暗箭
30 少林
31 鲨鱼
32 伞儿
33 闪闪
34 扇子
35 珊瑚
36 三轮
37 山鸡
38 扫把
39 香蕉
40 司令

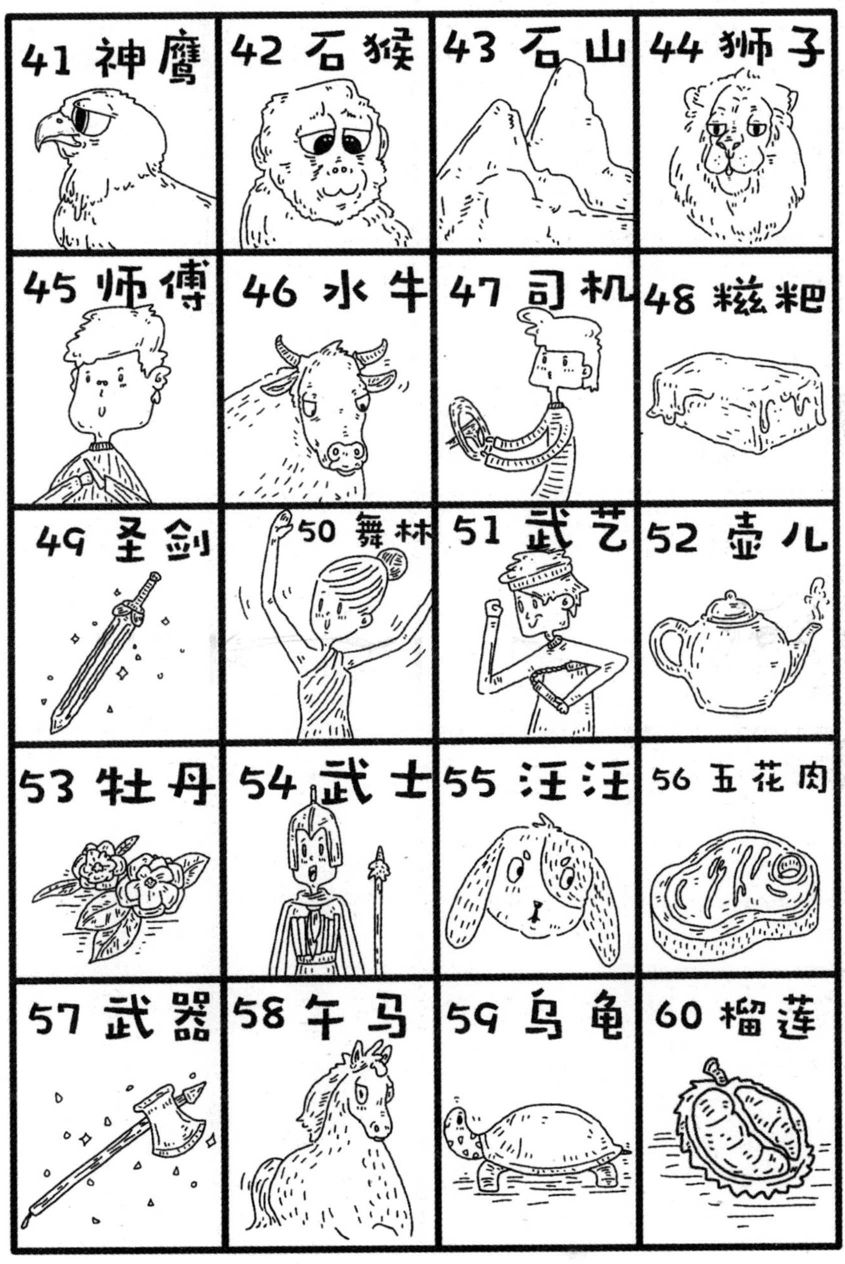
41 神鹰
42 石猴
43 石山
44 狮子
45 师傅
46 水牛
47 司机
48 糍粑
49 圣剑
50 舞林
51 武艺
52 壶儿
53 牡丹
54 武士
55 汪汪
56 五花肉
57 武器
58 午马
59 乌龟
60 榴莲

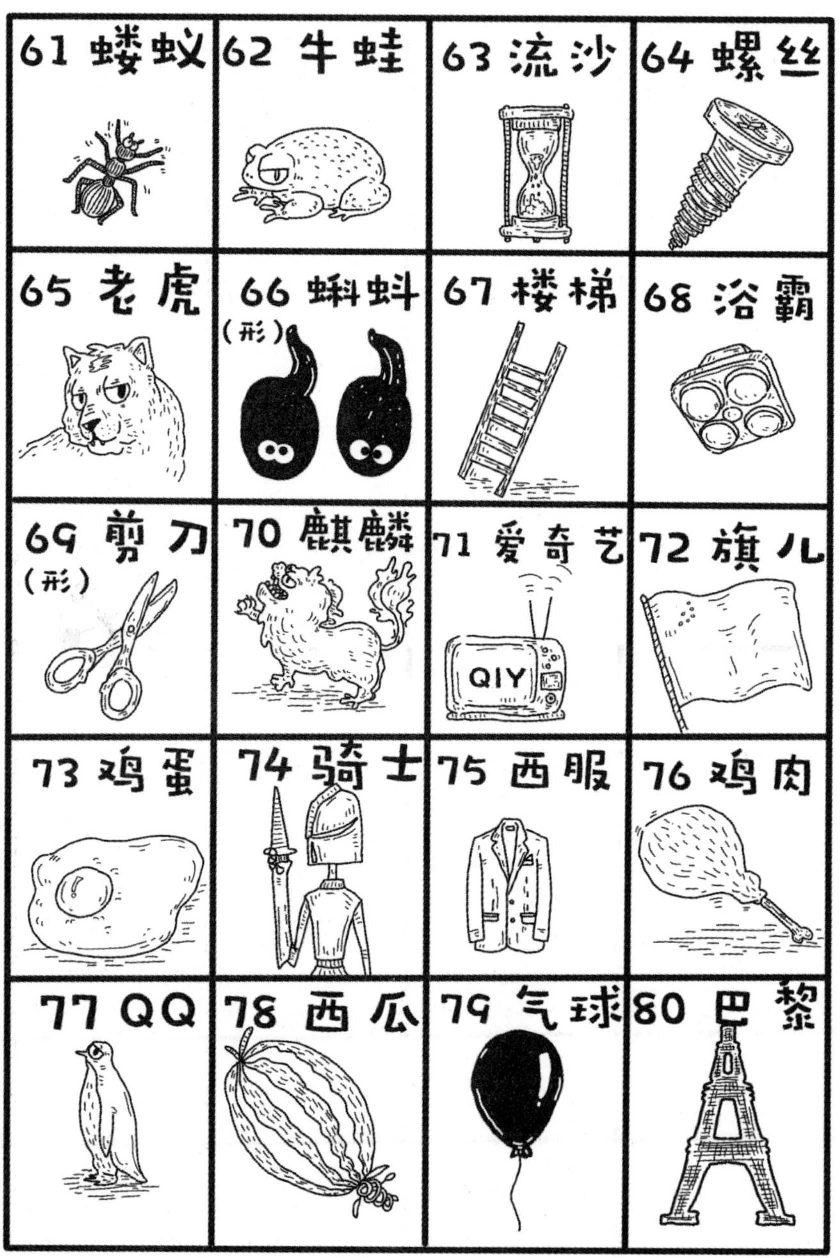
61 蝼蚁
62 牛蛙
63 流沙
64 螺丝
65 老虎
66 蝌蚪
（形）
67 楼梯
68 浴霸
69 剪刀
（形）
70 麒麟
71 爱奇艺
QIY
72 旗儿
73 鸡蛋
74 骑士
75 西服
76 鸡肉
77 QQ
78 西瓜
79 气球
80 巴黎

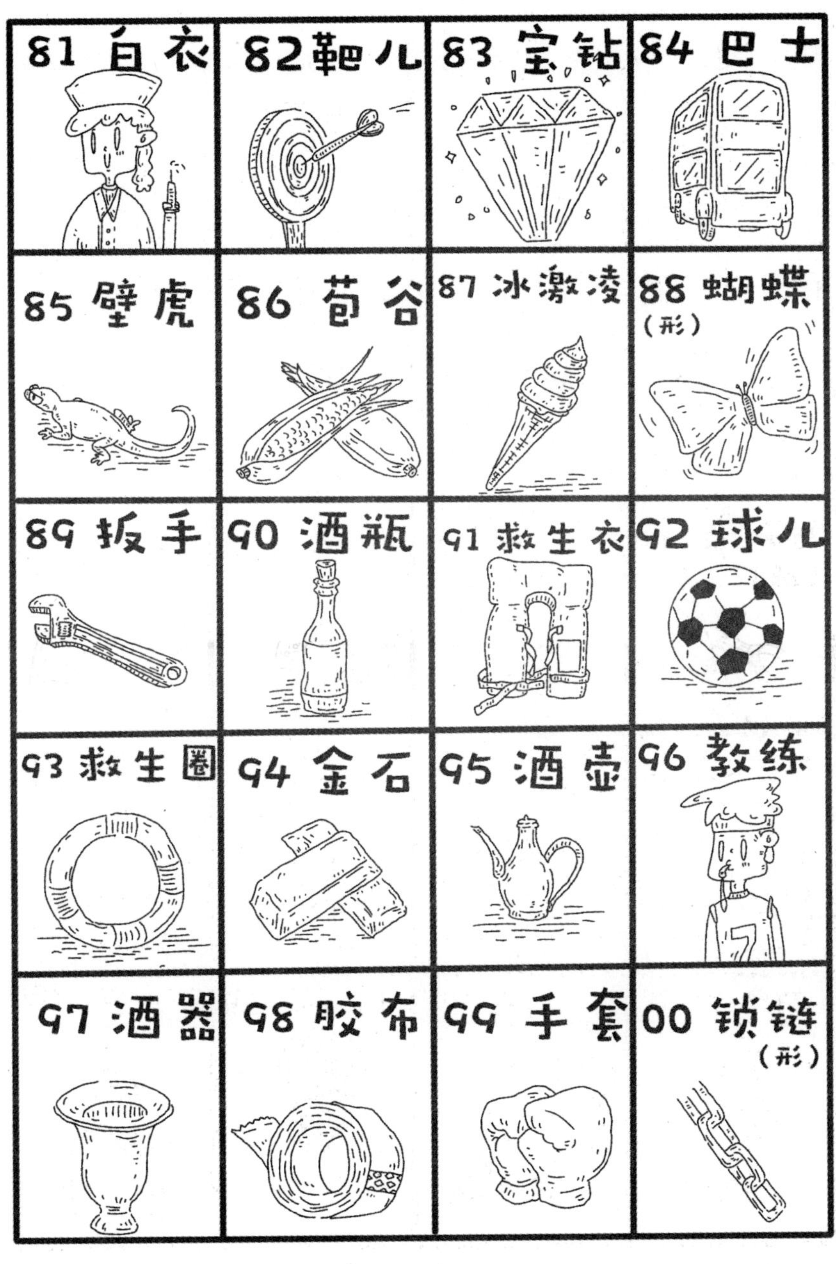
81 白衣
82 靶儿
83 宝钻
84 巴士
85 壁虎
86 苞谷
87 冰激凌
88 蝴蝶
（形）
89 扳手
90 酒瓶
91 救生衣
92 球儿
93 救生圈
94 金石
95 酒壶
96 教练
97 酒器
98 胶布
99 手套
00 锁链
（形）

数字编码的学习就像我们第一次使用计算机一样，当你熟练它以后，你会发现记忆效率能提高数十倍。给自己一点熟悉的时间，然后填写下列数字的编码（不熟悉编码你将很难进行下一步的学习，请至少花两天的时间来熟悉并熟记）。

09—	00—	01—	25—	13—
27—	44—	34—	64—	84—
80—	60—	11—	67—	50—
65—	77—	24—	56—	31—
36—	33—	46—	49—	59—
89—	66—	12—	88—	06—
07—	03—	95—	52—	47—
40—	30—	26—	99—	98—

将下列编码还原成数字：

巴黎—	西服—	酒器—	麒麟—	老虎—
蝴蝶—	蛇—	骑士—	白衣—	二轮—
山鸡—	司令—	武士—	鳄鱼—	五花肉—
包谷—	大象—	灵符—	婴儿—	西瓜—
师父—	宝钻—	壁虎—	武器—	狮子—
水牛—	石猴—	少林—	珊瑚—	蝼蚁—
武艺—	钥匙—	石榴—	药酒—	壁虎—
扳手—	剪刀—	流沙—	午马—	乌龟—

你可以把这100个编码想象成储存在大脑当中帮助我们记忆的虚拟工具，当你可以慢慢回忆起数字对应的编码的时候，接下来你只需要通过练习去熟

练并掌握这一套数字工具就好。需要注意的是，我们应该把每一个编码的特征都在大脑中清晰地呈现出来，比如“13—衣裳”和“15—衣服”比较相像，为了区分它们你可以想象衣裳是丝质品，非常的薄和柔软，有一种丝滑的质感；同样，想象衣服就是一件军大衣，像被褥一样很厚，这样把两个编码区分开来才不会混淆。再比如“44—狮子”和“65—老虎”也比较相似，我们应该用动作或者数量将它们区分开，老虎是扑，狮子是咬等。还有一些编码比如“40—司令”和“47—司机”，虽然是具体的名词，但是并没有足够清晰的图像，我们需要将其转化成更有形状的物品，司令变成了部队的坦克，司机也用了一部商务车来代替。了解了这些窍门以后，我们便可以运用这条记忆锁链来完成别人眼中不可能完成的任务了。

很多年前我看过一个有趣的电视节目，内容是在规定的时间内挑战记住超市某一个区域所有物品的价格，记住多少便可以带走多少奖品，直到出现错误为止。我们不妨现在也来做同样的尝试，记一下以下物品的价格。

牛奶 ¥：49　（49—圣剑）

联想：用圣剑刺穿牛奶盒，白色的液体四处飞溅

花露水¥：19　（19—药酒）

联想：用花露水来泡药酒

可乐套装¥：17.8　（01—绿叶、78—西瓜）

联想：用很大的叶子裹住可乐，倒出来变成了红色的西瓜汁

（这里的三位数我们可以处理成0178，也可以处理成1780，在回忆的时候，我们知道可乐不可能卖1780，所以最后一位数字0自然不必还原）

灯泡¥：7.9　（79—气球）

联想：灯泡像气球一样浮在天上

拖鞋¥：24　（24—盒子）

你的联想：

牙膏￥：12 （12—婴儿）

你的联想：

烤鸭￥：40.8 （04—零食、08—泥巴）

你的联想：

电吹风￥：137 （01—绿叶、37—山鸡）

你的联想：

自行车￥：1025 （10—蛇、25—二胡）

你的联想：

电视机￥：5188 （51—武艺、88—蝴蝶）

你的联想：

如果我们把00到99的数字排序看作一条锁链，那么我们可以根据需要来选择使用锁链的哪一部分，我们既可以选用单双数部分，也可以选择隔行记忆，这样，当我们用记忆锁链“锁”过很多知识点以后才不容易相互混淆，在这里，我们以用数字锁链的01～10来锁住“三十六计”为例进行练习。

请注意，每一个记忆材料可以用多种记忆方法来记，适合自己的就是最好的。这里用数字锁链来记忆，我们虽然可以清楚地说出哪一计是第几计，但更大的意义在于它是一种对知识的**整体打捞**。我们回忆的时候可以按照01到36的顺序来逐一想起，这样便不会像以往那样回答地零零散散了，所以，对知识点的整体打捞，一个不漏才是关键。

第一计：瞒天过海 （01—绿叶）

联想：拿着一片很大的叶子遮住自己过了大海

第二计： 围魏救赵 （02—梨儿）

联想：装了很多梨在围裙里

第三计：借刀杀人　（03—大象）

联想：大象鼻子卷了一把刀四处杀人

第四计：以逸待劳　（04—零食）

联想：在椅子上吃零食

第五计：趁火打劫　（05—灵符）

联想：火灾慌乱中用灵符标记打劫过的住所

第六计：声东击西　（06—琉璃）

你的联想：

第七计：无中生有　（07—凉席）

你的联想：

第八计：暗度陈仓　（08—泥巴）

你的联想：

第九计：隔岸观火　（09—泥鳅）

你的联想：

第十计：笑里藏刀　（10—蛇）

你的联想：

还记得我们在本书最开始做的记忆力测试吗？现在有了数字编码工具，我们尝试用数字编码来记忆一些历史事件。

1942年　中途岛战役　（19—药酒、42—石猴）

联想：被孤立的一个岛上，猴子在用药酒瓶打仗

1868年　日本明治维新开始　（18—牙刷、68—浴霸）

联想：牙刷刷浴霸，发现一块烤化了的明治巧克力

1492年 哥伦布远航到达美洲 （14—钥匙、92—球儿）

你的联想：

1453年 东罗马帝国灭亡，英法百年战争结束 （14—钥匙、53—牡丹）

你的联想：

1804年 拿破仑称帝，法兰西第一帝国开始 （18—牙刷、04—零食）

你的联想：

1942年 莫斯科保卫战 （19—药酒、42—石猴）

你的联想：

1971年 中国在联合国的合法地位得到恢复 （19—药酒、71—爱奇艺）

你的联想：

1842年《中英南京条约》签订，鸦片战争结束 （18—牙刷、42—石猴）

你的联想：

1860年 清政府分别与英、法、俄签订《北京条约》 （18—牙刷、60—榴莲）

你的联想：

历史事件的记忆需要注意提取文字中的关键词，将关键词形象化转化以后再和数字编码连接成动态画面。

以记忆大九九乘法口诀表中16的乘法为例。

16×16=256（省去十位数的1，三个编码构成一个动态画面，即66—蝌蚪、02—梨儿、56—五花肉）

联想：蝌蚪钻进梨，吃中间的五花肉

16×17=272（67—楼梯、02—梨儿、72—旗儿）

你的联想：

16×18=288（68—浴霸、02—梨儿、88—蝴蝶）

你的联想：

16×19=304（69—剪刀、03—大象、04—零食）

你的联想：

只要熟悉数字工具，利用数字编码记忆11～19的大九九乘法口诀可以提高我们的数学运算速度，我们只需要将每一幅画面多加复习，将它与数字形成一个固定的搭配，运算的时候回想画面就可以直接写出答案了。

数字编码可以运用到生活和工作的各个方面，比如我在读《一生必须去的100处风景名胜》一书时，便可以用数字锁链将其牢牢地锁住，回忆的时候就可以按数字的顺序一个不漏地整体打捞起来。同样，记忆一些历史名人、客户信息等，熟练应用数字编码将是最有效的提高记忆力的手段。

通过上述几个简单的练习，你是否对数字工具有了进一步的了解呢？记忆力的练习不同于学习乐器或者其他专业学科，熟悉记忆工具是一个随时随地都可以完成的事情。学习记忆术，所有的一切都不需要借助任何道具，我们只需要在大脑中逐一回忆即可，可以分组回忆，可以倒着回忆，也可以利用前面学习的串联方法借助前后内容来回忆。在回家途中、在车上、在等人的时候……我们可以把一切零散的时间充分地利用起来，相信这样点点滴滴的积累，最终会让未来的你感谢自己现在的付出。

当熟悉数字工具以后，我们可以根据自己的喜好改变原有的编码，38既可以是扫把，也可以是一个不讲理的妇女；68既可以是浴霸，也可以是喇叭。所谓的谐音或者形象的转化，只是帮助我们把数字变成编码的手段，当你已经能够熟练运用并快速记忆的时候，甚至可以不需要通过谐音或者形象的转化，你可以把01—绿叶用任何东西来代替。比如02—梨儿，我在使用的时候觉得特征不是特别明显，记忆不深刻，我便想用其他特征性强的物品来代替，最后找到了“烟雾”，一直到现在我的02还是“烟雾”。所以，每一个学习记忆力的人都有一套自己的数字编码系统，哪一个数字的编码是什么不重要，重要的是你是否熟悉自己的每一个编码，每一个编码是否都有非常突出的特征，这些编码就像一个个鲜活的精灵，它们将会是伴随你一生的思维工具并一直存在于你的大脑中。

第二节　万能的大脑GPS——记忆宫殿

先跟着我做个联想游戏：

①

①回家打开自己家门的时候，门把手上串了个**“肉圆子”**

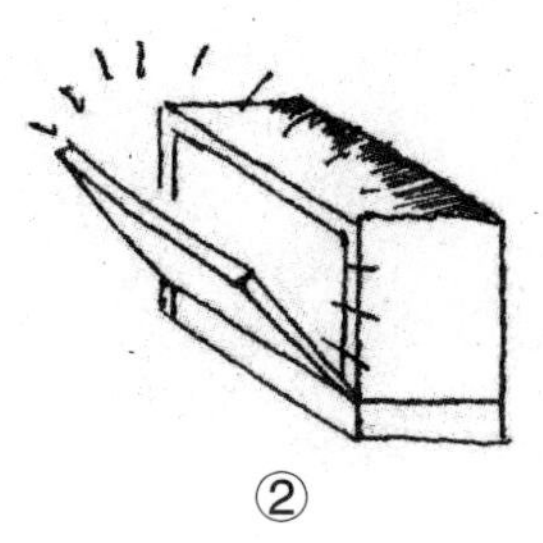

②

②换鞋时打开鞋柜，里面很**“明亮”**

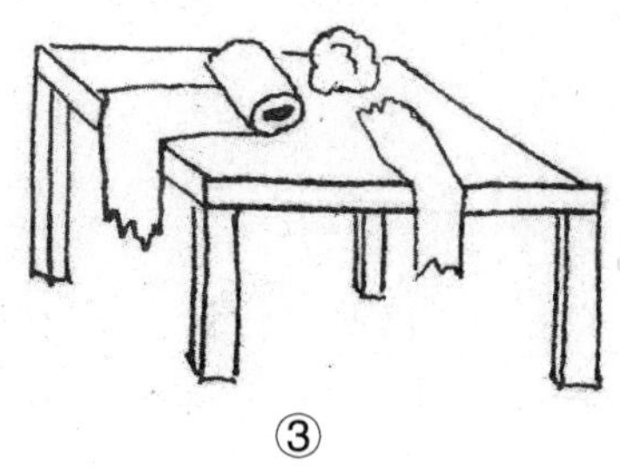

③

③餐桌上乱七八糟散落着**“卫生纸”**

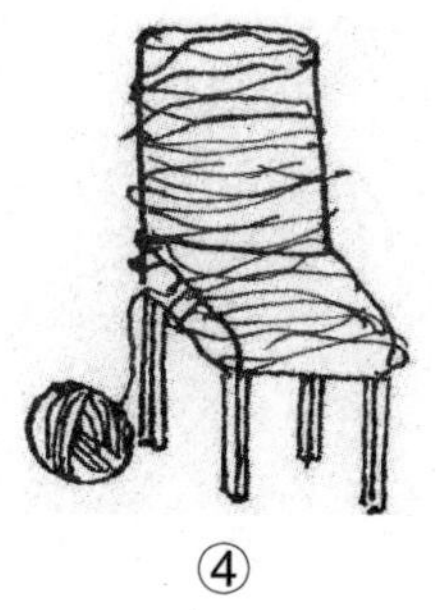

④

④用**“线”**裹住餐桌椅子

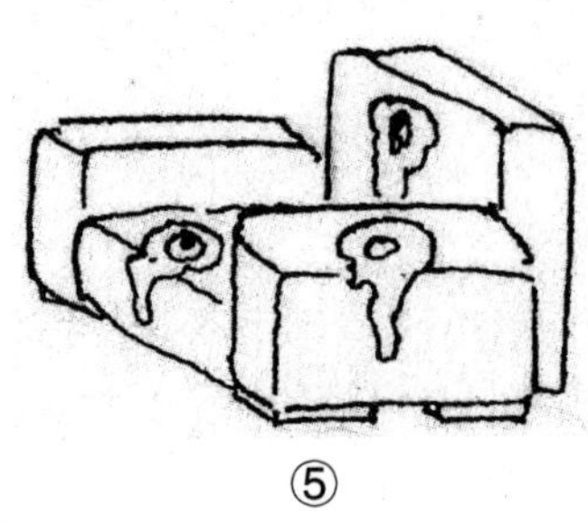

⑤

⑤沙发上全是打碎的**“蛋”**

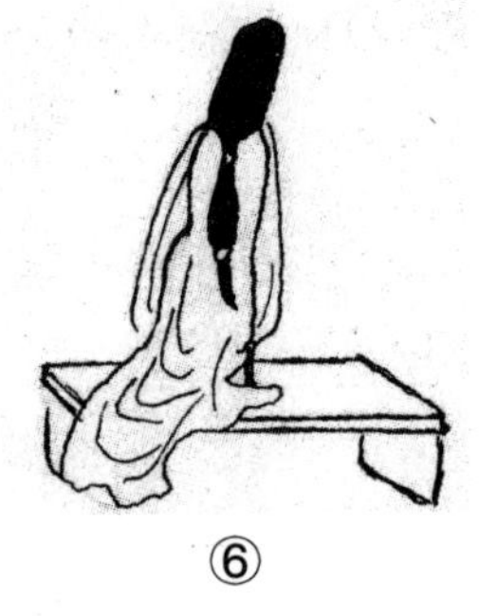

⑥

⑥**“武则天”**站在茶几上

⑦

⑦用**“线”**裹住电视机

⑧

⑧机顶盒上煎“蛋”

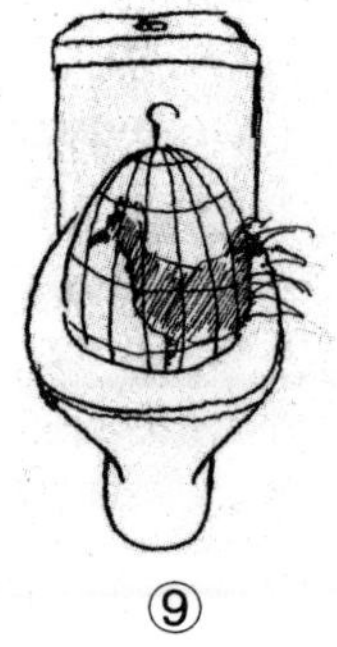

⑨

⑨马桶里有个**“笼子装着鸡”**

⑩

⑩ 厕所纸篓发出**“哼哼”**的笑声

遮住上面的内容，现在我们来测试一下你是否能记住刚才的物品。

①门把手：________________________________。

②鞋柜：__________________________________。

③餐桌：__________________________________。

④餐桌椅：________________________________。

⑤沙发上：________________________________。

⑥茶几：__________________________________。

⑦电视：__________________________________。

⑧机顶盒：________________________________。

⑨马桶里：________________________________。

⑩纸篓：__________________________________。

你是不是轻松地记住了这些物品呢？先看看我们刚才记忆的是什么内容：李渊（圆子）、李世民（明亮）、李治（卫生纸）、李显（线）、李旦（蛋）、武则天、李显（线）、李旦（蛋）、李隆基（笼子里有鸡）、李亨（哼哼的声音）。通过刚才的联想我们记住了唐朝的前十位皇帝，其中李显和李旦先后被废又被立，所以当过两次皇帝，又因为唐朝是李氏王朝，因此我们只需要记忆名字的后面一个字就可以了。这和我们前面谈到的数字编码记忆又有什么区别呢？共同点是都需要运用转化—联想的过程，区别是连接的时候，数字编码记忆是利用数字进行挂钩，而这里我们用的是熟悉的地点，**这种利用熟悉的地点来进行记忆的方法就叫地点定桩法，也叫记忆宫殿。**

记忆宫殿最早由西方传教士利玛窦在明朝万历年间传入中国，而现代广义记忆术的科学原理是基于心理学而发展起来的，2014年的诺贝尔生理学或医学奖颁发给了发现大脑定位系统细胞的三位科学家。简而言之，你可以理解为：大脑的定位功能，即方位感、空间感，是我们利用记忆宫殿的原理。**而比起任何记忆**

技巧而言，利用方位感的记忆可以让我们记得最为牢靠。因此，利用方位和空间感的记忆都可以理解为记忆宫殿记忆法。

回忆刚才的记忆内容时你会发现，你依靠的是一种固定的顺序，是靠从回家打开家门到看到沙发，又进入厕所的方位顺序来进行回忆的。**利用固定的顺序我们称之为“定桩记忆法”，前面介绍过的借用身体的顺序记忆、用笔画顺序记忆、用数字编码记忆等都可以归类为定桩记忆，**当你学会灵活使用记忆技巧的时候，你会发现任何物品甚至是虚拟的事件、人名等都可以借用其顺序来记忆。**记忆宫殿也属于定桩记忆，但它是一种更高级的定桩记忆。**

下面我们利用图片深入了解一下记忆宫殿，但请注意它并不能代替你周围真实的环境，这里只是一种图片的定桩，因为图片并没有融入方位感，你需要在了解了原理以后以自己真实居住和生活的环境来固定顺序。

我们按进门后逆时针的顺序先选定参照物：1—大门；2—餐桌；3—圆孔墙面；4—电视机；5—机顶盒；6—抽屉；7—茶几；8—沙发，选择的参照物一般是固定不变的。记忆宫殿虽然被称为“宫殿”却并不仅仅只是一个房间，它可以是若干房间的总和，所以一旦选择好参照物，它就像我们的数字锁链一样，下一步

你只需要将记忆内容锁在上面即可。一个宫殿可以用来单独记忆某个内容，也可以用来记忆多个内容，我们可以根据需求而进行调整。下面我们以刚才选择好的参照物来尝试记忆《民法通则》前八章的标题。

通过转化得到：基本原则—圆、自然人—燃烧的人、法人—头发、民事法律行为和代理—行为艺术家在做代购、民事权利—拳套、民事责任—蜇人、诉讼时效—律师锤打时钟、涉外民事关系的法律适用—外国人。

联想：从门上开了个圆圈钻进屋→餐桌上起火了有人在挣扎→圆孔里长出头发→电视机里放着艺术家在做代理的广告→拳套打扁了机顶盒→抽屉很蜇人→一锤子敲碎了茶几上的时钟→沙发上坐满了外国人

对于记忆宫殿的运用，宫殿有多大我们就可以装多少知识，很多英语学霸会给自己准备很多宫殿，比如对于英语单词的学习，我们就可以为自己准备26个记忆宫殿，像字典的目录索引一样，将A字母开头的单词，或者难记的词放到A对应的宫殿，将B字母开头的单词放到另外一个宫殿，这样我们在回忆的时候就有章可循，单词也就被我们整齐地整理了一遍。

那么去哪里找这么多宫殿呢？**记忆宫殿可以分为室内和室外两种，当然也可**

以由室内到室外或者反过来。我们日常生活的住所、熟悉的朋友家、记忆依然深刻的儿时住所、大学的寝室、校园的走道、经常路过的街道、工作的办公室、常去的公园等，都可以放进我们的大脑。第一步确定大的地点；第二步选定我们的参照物，即地点桩；第三步在大脑中熟悉每一个桩，不要经常漏掉某一个地点，这样我们的记忆宫殿就打造好了。我们打造记忆宫殿的时候应该注意以下几点：

1. 参照物之间间隔不宜太远，距离太远在使用时容易漏掉；

2. 选定的参照物不能太大太模糊，比如选择某个便利店为地点桩，使用时就不容易回忆起记忆的内容，应该具体到收银台、货架等；

3. 不要选定位置容易变化的物品，比如烟灰缸，位置不确定会影响记忆效果；

4. 选择同类型的物品作参照物可以通过变化形状或者状态等来加以区分，比如A宫殿的地点桩有一处是木门，B宫殿同样也有木门，我们可以在大脑中虚拟其中某一扇门中间裂了一条缝，或者其中一扇门是半开着的等；

5. 每一个宫殿的参照物有26个以上为宜，因为在实际记忆的时候，我们可以选择其中某一部分来使用，在世界脑力锦标赛上一个宫殿的26个地点刚好可以用来记忆一副扑克牌。如果地点凑不够26个，我们也可以把两个宫殿加起来使用，比如自己家有12个地点，爷爷家有14个地点，那么就把两个宫殿套在一起作为一个宫殿使用；

6. 在室内选定参照物时，有时候可以根据情况先从一个房间进入另一个房间，然后再出来。例如，客厅餐桌过后就是进入卧室的门，然后再是客厅的电视，这时你可以先进入卧室，选定卧室的床、衣柜、桌子等作为参照物之后，再走出卧室接上客厅的电视。

请尝试在下图找10个地点桩。

你选择的参照物有：________________________________

____

____

____

按照习惯，如果按从下到上从左往右的顺序，我们可以选择参照物为：①凳子；②抽屉；③窗帘；④花盆；⑤台灯；⑥窗户；⑦吊灯；⑧书架；⑨枕头；⑩床底。

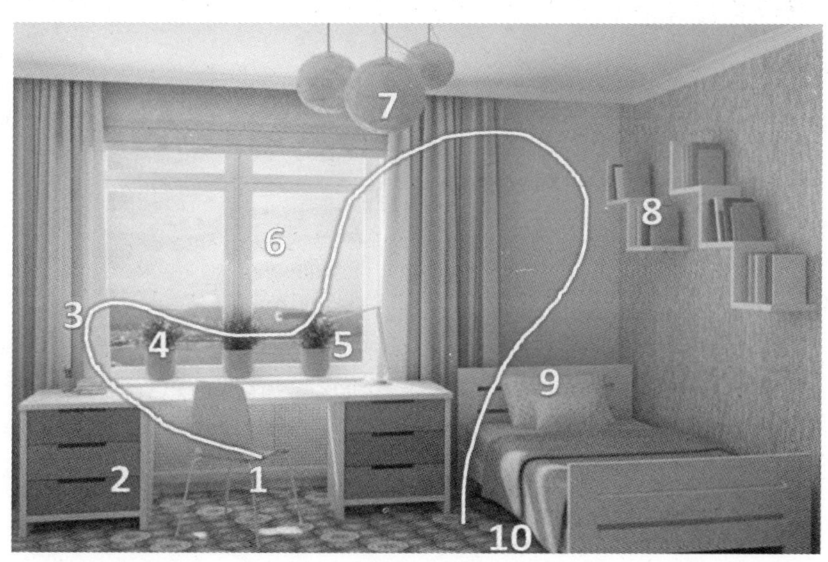

如果你已经熟悉了上一节的数字编码，那么这里我们不妨挑战一下自己的极限，用记忆宫殿来记无规律的数字，这种记忆数字的方法也是世界脑力锦标赛上选手们采用的方法。

如果一个参照物放2个数字编码，那么一个地点就表达4位数字，10个地点就可以记忆40位无规律的数字，以圆周率小数点后40位为例，请尝试记忆以下数字：

1415 9265 3589 7932 3846 2643 3832 7950 2884 1971

你的答案：____

____

____

联想：**钥匙**放在板凳上，用**衣服**拍打板凳；（14—钥匙、15—衣服）

球儿踢破抽屉，跑出来一只**老虎**；（92—球儿、65—老虎）

用窗帘擦**珊瑚**，再包住珊瑚用**扳手**打碎；（35—珊瑚、89—扳手）

气球捆住花盆，再给气球打**伞儿**；（79—气球、32—伞儿）

扫把扫开台灯，**水牛**过来咬住扫把吃；（38—扫把、46—水牛）

骑着**单车**冲出窗户，撞到**石山**；（26—二轮、43—石山）

扫把打扫吊灯掉下灰尘，用**伞儿**挡灰；（38—扫把、32—伞儿）

书架上挂了很多**气球**，**舞女**在气球上跳舞；（79—气球、50—舞林）

把枕头装进提**包**去赶**巴士**；（28—爱包、84—巴士）

床下藏了一坛**药酒**，拿出来边喝边看**电视**。（19—药酒、71—爱奇艺）

利用记忆宫殿记忆数字是一件神奇又有趣的事情，仿佛每一个编码都被你赋予了生命，在大脑中，你就是一切的主宰，指挥它们在指定的地点发生指定动作，使不可能完成的任务变得轻而易举，周围的朋友都想通过你知道记忆的奥秘，这就是记忆宫殿的乐趣。

我们再用室外的宫殿为例，将刚才没有记完的唐朝皇帝作为练习材料来尝试记忆：

唐朝23任皇帝分别是：李渊（圆子）、李世民（明亮）、李治（卫生纸）、李显（线）、李旦（蛋）、武则天、李显（线）、李旦（蛋）、李隆基（笼子里有鸡）、李亨（哼哼的声音），前十任我们已经记过，这里用著名的颐和园记忆剩下的13任皇帝，他们分别是：李豫（鱼）、李适（石）、李诵（松鼠）、李纯（唇膏）、李恒（横幅）、李湛（战士）、李昂（谐音“羊”）、李炎（火焰）、 李忱（橙汁）、李漼（吹风）、李儇（喧哗）、李晔（叶子）、李柷（柱子），我们按由近到远的顺序，想象自己游览公园的过程，然后选定参照物为：柳树叶、湖面、游船、河岸绿树、楼阁、远山这6个地点。

联想：柳树叶——柳树叶缠住很多鱼，用石头敲打；

湖面——松鼠在湖面上跳而不沉，抓到以后给它涂上唇膏；

游船——游船上挂着横幅，坐着一群战士；

河岸绿树——树丛里有羊，点把火把树烧了；

楼阁——楼阁里面放了很多橙汁，对着橙汁吹风；

远山——跑到远山里去喧哗，叶子堵住了嘴巴，跑回来的时候撞到了柱子。

你的答案：______________________________

____

____

如果你是用上班的路上、办公室或者学校等地方来做记忆宫殿，你会发现当你每次路过这些地方的时候，你会无意识地复习你所记忆的内容。比如将这半个学期的单词都放在了从学校回家的路上这个记忆宫殿里，那么每当你路过某个地点桩的时候，单词会浮现在你眼前，不知不觉地你就复习了它们好几次，记忆自然就变得更加深刻。当然，刚刚开始学习使用的时候，你需要有意识地回想，路过扶手的时候就想扶手上是什么内容，**逐渐习惯以后，记忆宫殿就成了一套记忆和自动复习的无敌工具。**

我们趁热打铁，现在就来打造一个“私人订制”的记忆宫殿，可以是室内，也可以是室外，用你最熟悉、最有感情的地点来打造，请至少选择20个参照物作为地点桩：

你的宫殿：

1.________ 2.________ 3.________ 4.________

5.________ 6.________ 7.________ 8.________

9.________ 10.________ 11.________ 12.________

13.__________ 14.__________ 15.__________ 16.__________

17.__________ 18.__________ 19.__________ 20.__________

先回忆一下自己的记忆宫殿，看你选择的每一个地点桩是否都能被你回忆起来，然后记忆下面的20个词语。

①钢铁侠；②草帽；③剪刀；④美女；⑤能量；

⑥望远镜；⑦非诚勿扰；⑧孔子；⑨鸡腿；⑩飞碟；

⑪牛肉面；⑫黑洞；⑬火箭；⑭最强大脑；⑮自行车；

⑯梦想；⑰金元宝；⑱仙鹤；⑲太阳；⑳手机

请合上书回想刚才记忆的20个词语，相信你一定会对自己记忆力的提高发出惊叹。

第三节　记忆的绝招——左右开弓

不论学习哪一种记忆方法，归根结底，目的都是提高我们的记忆效率。我不赞成将记忆的技巧分类为地点法、串联法、身体法等，因为这是我们为了更好地表述它们，让学习的人更加系统而有章节地学习而附加的一些名称。学习记忆术，我们最终追求的是记忆的灵活技巧，如果加上一些称呼去学习的话，不少读者就会有学了各种记忆法，但是实际使用的时候不知道选用哪一种的困惑。在此，我们需要知道，实际记忆的时候我们已经学到的任何方法都是可以尝试的，有的内容既可以用简单地抓住特征加以联想的方法就能记住，又可以用记忆宫殿、数字锁链来记忆。

不管用哪一种方法，右脑的图形记忆是你的新技能，有了新技能不等于原来的左脑就不再使用，你完全可以按原来死记硬背的习惯先看或者先记，在左脑的基础上再加上右脑的联想记忆，那么你就有了双重保险，自然记忆效率也会比原来有所提高。即使你不用右脑的任何记忆技巧进行记忆，相信在学习右脑记忆的过程中，你的大脑细胞也已经得到了很好的锻炼，即便是死记硬背也会比以前快很多。同样一个记忆材料，可能某一个部分需要用到数字锁链；某一个部分只需要简单的联想；某一个部分只需要简单的理解；某一个部分暂时想不到转化的方法只能死记等，在此，**我希望每一位读者都能将到现在为止我们讲到的所有记忆技巧融会贯通，不要给这些方法分类，也不要纠结到底哪一种**

方法在哪种情况用，你应该运用记忆学的原理思考，做到随机应变。总而言之，灵活才是最好的记忆。

针对不同的记忆材料，有时候可能右脑图形记忆会被用得多一点，有时却依然会以以往的左脑记忆为主，右脑图形只是加以辅助。左右开弓的记忆就像大脑中的一个天平，砝码不同则偏向的情况也不一样，它也像我们双手做事情一样，大多数人右手比左手灵活，但是我们也不可能干任何事情都只用右手。我们往往认为弹钢琴的人双手协调性很好，同样，大脑的协调性也需要我们的调整，比如在记忆纯文字内容的时候，我们可能需要靠右脑呈现图像、还原文字描述的场景来加深对文章的感知程度，左脑再进行逻辑处理、然后记忆。**我不赞同用将文字逐一转化成图形然后联想记忆的方法，我认为在记忆纯文字信息的时候左脑就是工作的主体，80%让左脑记忆，剩下的20%用右脑图形辅助，这是比较科学的。同样，在记忆顺序性比较强、信息板块性比较强的内容时，有可能80%是右脑在进行转化图形记忆，剩下的20%留给左脑进行对信息的理解。**世界脑力锦标赛的高手们都有这样的体会，当高速记忆扑克牌的时候，虽然右脑在飞速地转化和联想，但并不意味着左脑在休息，其实左脑也在死记，当其中某张牌想不起来时，或许左脑记住了，依然可以回忆起来，这就是左右开弓的重要性，当然，这样的程度是需要不断的练习才能达到的。

我把数字锁链和记忆宫殿两大系统以外的一些记忆技巧都放到这一节来为大家介绍，目的就是想让各位读者看淡方法，而注重灵活。我们已经知道记忆术的核心原理是**“借已知记忆未知，化无形为有形”**，又通过记忆宫殿的学习，我们知道“桩”便是我们熟知的顺序，利用熟知的顺序来记忆知识板块，就是一种定桩记忆。上一节中我们曾经提到，任何事物甚至事件都是可以用来利用固定顺序做桩，然后记忆的。

以下面记忆大洋洲12个国家的名字为例，我们可以选择任意物品定桩记忆，比如说到大洋洲我们发散思维想到“羊”，想到“大树”等。在这里我用一个关联性并不是太强的物品来作为记忆工具，以突出物品选择的广度性。首先将大洋洲12个国家通过发散思维处理如下：

1.澳大利亚（奥利奥）；2.新西兰（牛奶）；3.斐济（谐音：飞机）；4.汤加（汤）；5.巴布亚新几内亚（谐音：“爸，不要心急，累呀”）；6.图瓦卢（游戏：撸啊撸）；7.所罗门群岛（锁了门）；8.瑙鲁（恼怒）；9.基里巴斯（谐音：鸡泥巴屎）；10.马绍尔群岛（谐音：骂少儿）；11.帕劳（谐音：趴了）； 12.密克罗尼西亚（谐音：米刻了你洗牙）。

选择一部“汽车”作为记忆工具，在其外部和内部寻找参照物定桩。

8
9
10

12
11

我们可以让一个参照物地点连接一个记忆信息，也可以让其连接两个或更多信息。此处我们以一个地点放一个信息为例，按顺时针和从外到里的顺序找到12个参照物，分别为：1.车轮；2.前照灯；3.引擎盖；4.挡风玻璃；5.天窗；6.后备箱；7.车门；8.方向盘；9.挡位；10.副驾收纳盒；11.后座；12.后挡风玻璃。

联想：1.奥利奥饼干做车轮，转动起来的时候容易碎；

2.打开前照灯，哗地流出来很多牛奶；

3.遥控飞机撞到了半打开的引擎盖，引擎盖被撞了个凹坑；

4.一碗汤从挡风玻璃上倒下来；

5.“爸，不要心急，累呀！”身体伸出天窗对爸爸大喊道；

6.躲进后备箱准备玩游戏“撸啊撸”；

7.把车门锁好，所以锁了门；

8.堵车严重，非常恼怒，一边发火一边拍打方向盘；

9.挡位上站了一只鸡，沾满了泥巴还不停地拉屎；

10.打开副驾收纳箱，里面藏了个小孩，对着他骂；

11.太累了，在车后座直接累趴了；

12.后挡风玻璃放了一些米，来了一个米上刻字的艺术家，你告诉他“米刻完了你就可以去洗牙了”。

现在请你回忆，大洋洲12个国家的名字是：______________________________

____

____

这里利用物品的定桩记忆少了一层方位感在里面，因此，严格说来它并没有记忆宫殿使用起来那么牢靠，我们在记完以后还需要复习才能更好地巩固这些知识点，但是对于知识的整体打捞，它是一种方便有效的办法。

我经常看到高中学生们记得满满的笔记本，书上几乎每一行字都被划成了重点。我在读书的时候也有同样的体会，其实物品定桩法同样是一种非常好的笔记方法，我们可以在重要知识点的旁边贴一幅插图，或是直接涂鸦一幅图画，然后标上选好的“桩”，在复习的时候只需要看图便可以巩固记忆了。经过实践发现，这是一种提高分数的有效方法，和以往的复习方式相比，这毫无疑问节省了时间。我们由简单到难，以鸦片战争的意义为例进行说明，在这里就用一张潦草的涂鸦来尝试一下记忆。

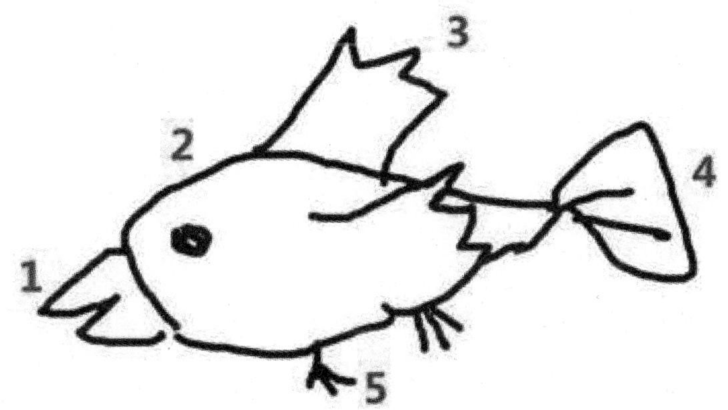

说到鸦片战争，发散思维想到“乌鸦”，将乌鸦定桩为：1.嘴部，2.头顶，3.翅膀，4.尾巴，5.脚。然后，将鸦片战争的意义总结出来有以下5条：

1.打击中国的经济（钱）；

2.大量输入鸦片（香烟）；

3.中国门户被打开，沦为半殖民地半封建社会（门）；

4.受到不平等条约束缚（缠住）；

5.民族自信心被动摇（心）；

联想：1.乌鸦嘴巴叼着钞票；

2.头顶插了几只香烟；

3.翅膀上开了个门，漏风，掉了下来；

4.用线缠住乌鸦尾巴；

5.脚上抓着一个桃心；

现在回想一下，鸦片战争的意义是：________________________________

____

通过上面的例子我们可以看到，我们需要的仅仅是某个熟知物品的特定顺序，因此即使涂鸦很难看，也一样可以作为记忆工具被使用。我在读书的时候，觉得历史事件的意义是非常容易混淆的，也是考试中十有八九会考到的，为此我经常苦恼。物品定桩的方法可以将每一个知识板块里的零散内容整合到某一个物品上，如果熟练物品定桩的方法，板块性的知识就像被放进了大脑图书馆而且还是被分类存放的，这是一种应付考试十分有效的记忆方法。在记忆初高中历史知识点中各个重大事件意义的时候，我们可以活用这个方法，如用一个武器记住某场战争的意义、用一张桌子记住某个会议的意义等。

定桩记忆系统延伸性非常广，商务谈判专家可以根据身边的茶几、凳子等马上选好参照物来记录对方的谈话；演讲家可以根据会场选择参照物，然后将演讲稿的每一段的关键字牢牢锁在地点桩上，学会使用你才会有更多发现。

用物品定桩记忆的例子数不胜数，我的一位学生用一只大象记忆了高一生物1/3的内容，另外一位学生从小就喜欢飞机，他用一架波音747客机记忆了高中物理电力学整个章节的内容。另外，“人”也应该属于物品，所以我们还可以借助有固定顺序的人名来进行记忆，办公室同事座位的顺序、好友或者闺蜜见面的频率排序、喜欢的明星排序等，甚至动画片、电影、电视剧的人物，都可以用作我们的记忆工具。有一位老师曾经对我开玩笑说：“语文知识点的‘唐宋八大家’经常被考到，但我记了一辈子也没记住。”当然，这位老师不是语文老师，话也有一点夸张，但是不难看出，即便是简单的知识点，没有有效的存留记忆的手段也还是容易被忘记的。相信“八零后”的读者对日本动画片《圣斗士星矢》不会陌生，因此，这里我们使用动画片的四个主人公来记忆唐朝的“唐宋八大家”，如果你是一位女性读者，改用美少女战士也未尝不可。

唐宋八大家分别是：韩愈（鱼）、柳宗元（柳树）、苏轼（湿润）、苏洵（烟熏）、苏辙（沼泽）、欧阳修（海鸥）、王安石（石头）、曾巩（蒸锅）。

联想：星矢——天马流星拳打向天空，掉下来很多**鱼**，每条鱼都被**柳枝**捆得死死的；

冰河——钻石星辰拳的冰块弄**湿**了自己，马上**烟熏**烘烤衣服；

紫龙——庐山升龙霸打出一条巨龙飞向**沼泽**地，救出了被困住的**海鸥**；

阿顺——星云锁链缠住一块**石头**打过来，你用**蒸锅**去挡。

请你回忆，唐宋八大家是：____

____

这里的记忆材料，我们并不需要记住它们的顺序，因此你只需要按这四个人物的招数特征进行回忆就可以了，即使打乱顺序也无关紧要。也许你对《圣斗士星矢》并不那么太熟，但请原谅我使用这些你并不太熟的人物。为了更好地举例其实可以使用一些明星等，但为了保持明星们高大上的靓丽形象，因此这里不以明星作为联想工具以避免不必要的麻烦。当然，至于私下里我们大脑如何去联想，那便是我们的自由了。在此我们需要注意的是，用虚拟人物作为记忆工具的时候，需要强调每一个人物的特征从而进行区分。比如用《水浒传》中的人物作为记忆工具，你必须把每一个人物的技能都夸张或者独立出来。另外，**使用人物记忆，一般情况下我不建议使用自己的朋友或者亲人**，你一定很难接受在联想的时候出现某位亲人砸石头或者被石头砸到的画面，因为这都是我们不愿意看到的，而且对亲人的感情会让我们在联想的时候有所顾忌以至于大大降低记忆速度。

刚才提到，一般情况下不要使用亲人作为记忆工具，但个别情况下，非常正面的联想也可以加深我们的记忆印象，下面我们再以一组非常简单的实例来说明，如何按面积大小顺序记忆七大洲。

借用工具：①爷爷；②奶奶；③爸爸；④妈妈；⑤孙悟空；⑥牛魔王；⑦七仙女

七大洲按面积由大到小的排序：①亚洲（牙）；②非洲（肥肉）；③北美洲（谐音：白玫瑰）；④南美洲（谐音：蓝莓）；⑤南极洲（谐音：垃圾）；⑥欧洲（谐音：藕）；⑦大洋洲（大太阳）

联想：1.爷爷戴假**牙**；

2.奶奶很胖，腰上一圈**肥肉**；

3.爸爸送妈妈**白玫瑰**；

4.妈妈爱吃**蓝莓**，很漂亮；

5.孙悟空棒打**垃圾**桶，四处飞溅；

6.牛魔王牛角上插了一串莲**藕**；

7.七仙女飞在天上托住了**太阳**。

请你回忆，七大洲按面积由大到小排序分别是：________________________

____

人物定桩的过程是在大脑中调兵遣将的过程，就如记忆学原理“借已知记忆未知”一样。慢慢地你会发现，当调用身边一切事物作为记忆工具的时候，任何崭新的知识仿佛都被架上了台阶，踏上这一步台阶，新知识变得不那么陌生，最终新知识变成旧知识，我们要做的仅仅就是记忆而已，换句话说，仅仅是联想而已。

对于文字的记忆，上面已经提到过，它是一种记忆技巧的综合运用，我们不能千篇一律地靠右脑图形转化，也不能一味地死记硬背。有的内容已经在我们的记忆大海中存有依稀可见的印象，我们欠缺的只是回想的挂钩，而一些完全陌生的文章甚至是很难读通顺的古文，我们也只能按先读熟再理解，再以右脑辅助记忆的方式来记，我们先来看一首杜甫的著名的诗。

春夜喜雨

杜甫

好雨知时节，当春乃发生。

随风潜入夜，润物细无声。

野径云俱黑，江船火独明。

晓看红湿处，花重锦官城。

这首诗的每一句我们都可以背诵出来，但是对于成人而言，可能长期没有接触相关信息，背诵的时候可能会发生顺序错误，或者原本就不熟的后两句直接背不出来。这里我们不需要多余的转化处理，只需要将每一个小句的首字提取并用谐音串联起来，当作一个附加的回忆链条就可以了。首字提取得到“好当随润野江晓花”，通过谐音我们得到“好歹生日也讲笑话”，我们只要联想这首诗的意境，杜甫看到春雨后感叹过生日应该讲个笑话的场景，记住“好歹生日也讲笑话”也就记住了整首诗。

对于完全没有记过的诗词我们又怎么处理？以孟浩然的《过故人庄》为例。

过故人庄

孟浩然

故人具鸡黍，邀我至田家。

绿树村边合，青山郭外斜。

开轩面场圃，把酒话桑麻。

待到重阳日，还来就菊花。

首先我们熟读，可能熟读以后大部分人已经可以背出整首诗，但是我们知道，语文的学习并不仅仅是背一两首诗，根据外研社出版的《小学生必备古诗》一书来看，在小学阶段就有76首必备诗词，初高中阶段更多，因此，为了让记忆牢靠，我们需要给每一首诗都上多重保险。

这里我们可以用“标题定桩法”来记忆。首先熟读诗句，牢记“过故人庄”这个标题，然后用这四个字锁住四句诗的八个小句子，标题我们可以转化成“锅、鼓、忍者、木桩”，注意，这里没有采用将诗句逐字转化的方式，我们仅需要将标题的四个字桩和每一个小句的**关键字**连接即可。每个句子的关键字提取为：故人具**鸡**黍—鸡；**邀**我至田家—药；**绿树**村边合—**绿树**；**青山**郭外斜—青山；开轩**面**场圃—面；把**酒**话桑麻—酒；**待**到重阳日—袋子；还来就**菊花**—菊花。

联想：锅——铁锅炒鸡，加了很多药在里边；

鼓——绿树丛中打鼓，青山跟着跳舞；

忍者——忍者揭开面具，吃面喝酒；

木桩——木桩裹上塑料口袋，敲打菊花。

关于古诗的记忆方法，我们应该做到根据不同的类别、题材、熟悉程度而具体情况具体分析，左右大脑灵活分配的记忆是记住的关键。

下面再来看一段纯文字记忆。文字记忆运用更多的应该是关键词的串联，在世界脑力锦标赛中有一个比赛项目叫随机词汇（Random Words），大部分选手在这一个项目中采用的都是串联记忆。比赛的时候一页有100个词，每20个词为一组，这里我们仅以20个词做示范来说明。

虚度人生、阳光、纸巾、太平洋、火箭、龙腾虎跃、水龙头、收音机、玫瑰花、音乐、典礼、狗尾巴、雷达、珍珠港、鱼雷、轰炸机、战斗机、云层、蹦床、流星

联想：你**虚度人生，**享受着**阳光**，把**纸巾**揉成坨扔进**太平洋，**太平洋里发射出一颗**火箭**，火箭上画着**龙腾虎跃**的图案，金光闪闪，火箭底部是**水龙头**在喷水提供动力，恢复平静以后打开**收音机**，在收音机上插了一支**玫瑰花**，玫瑰花的花瓣开始播放**音乐**，听着音乐去参加**典礼**，典礼上的人装束很奇怪，都带着**狗尾巴**，突然在会场上发现了**雷达**，要解除雷达必须从**珍珠港**发射一颗**鱼雷**，鱼雷发射失误打到了一架**轰炸机**，轰炸机坠落引来了**战斗机**群，战斗机群在穿越**云层**的时候，士兵们都跳伞跳到了云层上，并在上面玩起了**蹦床**，跳着跳着，远处飞来了**流星**。

这是一串20个词汇的串联记忆，原国务院副总理李岚清同志在高校做讲座普及记忆方法的时候也同样提到了串联的方法，各位读者可以在网上搜索关键字“李岚清 记忆力”来查看。这里的20个词，请暗示自己已经牢牢记住，并尝试还原。

刚才记忆的20个词按顺序依次是：________________________________

____

____

了解了上面的串联方法，请你将下列词语用同样的方法串联起来：

为什么、有趣、往往、聪明、能力、教育、智慧、很难、记忆力、计较得失、悔恨、想象力、未来、担忧、无悔、佛语、吵了一架

你的联想：________________________________

____

____

如果你认真完成了上面的联想，那么接下来看看我们记忆的是什么文字内容：

活在当下

人**为什么**会“活在当下”，这是一个复杂而又**有趣**的问题，而且**往往**并不是由人是否**聪明**、有**能力**，或是否接受过高等**教育**等，来决定是否有活在当下的**智慧**。

人**很难**活在当下，是因为人有**记忆力**，会对已经发生的事**计较得失**，心生**悔恨**；因为人有**想象力**，会对**未来**可能发生的事**担忧**、恐惧。而活在当下，就意味着**无悔**无忧无惧。

活在当下是一句**佛语**，直接解释难以让大家了解深刻，打个比方说，两个人在昨天**吵了一架**，到了今天，他们仍然怒气相对——他们这是没有活在今天，而是活在昨天。

在已经记住串联关键字的情况下，如果将上面这段文字完全理解了并再读两次，我相信默写一定不是问题。所以，对于文字的记忆，方法是灵活多样的。上面这段文字，我们可以每一句提取一个关键词，也可以每一段提取一个关键词，或者将每一段开头的词作为关键词，应该根据个人记忆力的情况来具体分析对待。当然，除了串联关键词，我们也可以用记忆宫殿或者数字锁链等方法直接将关键词锁在桩上，这只是根据喜好不同而选择不同的方法罢了。提取关键词记忆大篇幅文字的方法比起逐字转化的图形记忆方法，我相信对读者而言，前者要更简单和系统性一些，这也是我不太赞同将文字逐一转化成图形记忆的原因。当你熟练掌握串联关键词的方法后，我们甚至可以在一篇文章当中随意提取关键词作为回忆的钥匙，然后将这些关键词串联起来即可，可以多提取一些，也可以少提取一些，这根据左右脑的分工，因人而异。

我认为英语单词的记忆是最考验我们记忆灵活性的，有的单词我们可以根据读音的谐音轻松记住它的意思，有的单词我们可以观察它的构成，然后拆分记住它的拼写，不管是运用记忆学的原理解决了单词的意思还是拼写，它都帮助你在原来的基础上加深了对单词的熟练程度，它也给单词困难户提供了一种解决问题的方法。

下面按从简单到复杂的顺序分析几个单词：

拼写记忆：ballet 芭蕾

你的联想：

chess 国际象棋

你的联想：

antique 古董

你的联想：

enthusiastic 热情的

你的联想：

词义记忆：beast 野兽

你的谐音：

biology 生物

你的谐音：

century 世纪

你的谐音：

chance 机会

你的谐音：

我们应该习惯这样的背诵方式，习惯以后你会发现枯燥的记忆可以变得如此生动有趣。以上单词是在我另外一本即将出版的图书《懒人秒记英语单词》中随机挑选的，在书中我是这样联想的：

ballet 芭蕾——拆分：ba爸爸—ll筷子—et外星人

联想：爸爸拿着筷子夹着外星人的手一起跳芭蕾舞

chess 国际象棋——拆分：che车—ss形似两个美女

联想：车的后座有两个美女在下国际象棋

antique 古董——拆分：an一个—ti梯子—que雀

联想：一个梯子上摆了一个麻雀形状的古董

enthusiastic 热情的——拆分：en摁—t形似十字架—hu糊—si死—as词义“在”—ti梯子—c月亮

联想：自己是一个热情洋溢的人，一天摁了一下十字架，手被烧煳了，最后死了，灵魂出窍，自己登上一个梯子对着月亮感叹人生

beast 野兽——谐音：逼死它

联想：逼死所有的野兽

biology 生物——谐音：拜奥利鸡

联想：拜一只叫奥利鸡的鸡学习生物

century 世纪——谐音：神锤

联想：拿一把神锤开辟新纪元

chance 机会——谐音：呛死

联想：听到机会终于来了差点被呛死

通常的单词记忆我们往往采用的是反复、重复的方法，即通过重复来建立条件反射，这在本书最开始“为什么会遗忘”一节中已经谈到，对单词运用记忆术记忆的步骤而言，我有以下两点经验。

1. 记忆单词拼写方面：我们应该先观察单词的构成，采取拼音拆分、形象拆分、综合拆分等方法来记忆拼写，不便于拆分的单词我们至少要做到牢记首字母，因为我们记不住一个单词往往是因为想不起它的首字母，比如“collection-收藏”一词，我们可以把字母“c”形象化编码成月亮，再联想所有的收藏品都被放到了月亮上，这样一来就加深了对单词的记忆。

2. 记忆单词意思方面：谐音是对单词意思记忆最好的方法之一，中文发音丰富，加上一些地方方言等，几乎使单词表中1/3的单词都可以通过谐音处理来记忆，因此我们在背单词的时候应该先读出声，并大胆地往谐音的方向发散思维，最后再把词义和谐音通过联想联系到一起。

我是外语专业毕业，通过了外语专业八级的考试，同时也是中国翻译协会的会员，平常在工作中接触到不少外国人，就我的经验而言，外语的学习，第一位是会说，而会说的基础就是单词量。国内一些教育机构提倡对外语进行母语式的教学，这样的教学固然非常好，但是我们也应该重视，除了在学校学习的时候有语言环境以外，在平常的生活和学习中，周围的同学、家人、电视节目都是说中文，因此我们便失去了外语的语言环境。在应试教育为主的国内，除了外语的学习，还有语文、数学、物理、化学、政治等各个学科的各个知识要点都需要我们记忆，因此在有限的学习时间里对时间的分配就是一个非常重要的问题。我当然不反对外语的母语式教育，但是应该结合国内的情况，不少学生花了大量的时间练习发音，最后却成了“复读机”，虽然能背出一段段发音纯正的句子，但在实际生活或者和外国人聊天的时候，并不能很好地表达自己的意思。外语的学习不能片面地看发音是否纯正，应该同时考察表达的广度，即使说得结结巴巴，但是能谈一些生活以外的复杂话题，我认为这也是相当优秀的外语学习者。所以，就我个人而言，扩大单词量是学习外语的关键，运用记忆术记忆单词便是解决单词量最好的办法。如果想进一步学习，推荐你阅读我的英语单词书《懒人秒记》系列。

第四节 创新与整理的利器——思维导图

说到记忆力，它与“创新”一词脱不了关系。记忆力的学习强调一个“创”字，大脑联想创造出天马行空的场景；同时它也强调一个“新”字，新鲜夸张的画面会代替一成不变的思维，从而使我们记得更加牢靠。“创新”一词仿佛是大脑思维运动的加速酶，它指引我们造出新的事物、新的思维、新的机会、新的人生。

你可能曾经擅长创造性思维，总是对学习、工作有各种各样的想法，但最终都因被人说成不切实际而没有付诸行动将其实现。千篇一律的生活模式渐渐地让我们淡忘了这种能够改变现状的思维习惯，大脑也因习惯于平常而变得懒惰。学习中也许会遇到这样的情况对一个作文题目想了很久还是没有思路下笔；记了一大堆笔记却很少主动地复习；各科的知识板块太多太零散，完全记不住也不知道怎么将知识点归类整理。在工作中，领导布置了一个活动的策划，却完全没有思路拿出方案；进行一个小组讨论，讨论了很久也没有结果。在此，**我们便需要一个打破陈旧思考状态的思维工具，它就是“思维导图”（Mind map）。**

市面上有大量关于思维导图学习的书籍，不少培训机构也有传授思维导图的课程，但就我个人的学习过程及经验而言，我认为外文翻译过来的书籍不一定适合中国人的思路，在表达习惯方面有人也许看了很多书依然不知道什么是思维导图，至少我在学习的时候有过这样的体会。因此，本书对思维导图的学习不做过多关于作用和效果方面的描述（如果你对思维导图感兴趣，可参阅我的另一本著作《思维导图宝典：好看又好用的导图大全集》），**你只要知道它是大脑整理思路和创新思路的思维工具，是一种将放射性思考具体化的思维方法，是一种整理思路的画图笔记，在我们遇到事情，需要“想办法”的时候，运用这种工具就更容易解决问题，它是一种解决问题的手段。**

思维导图的发明者是东尼·博赞（Tony Buzan）先生，因此他闻名国际，至今已经出版了80多本图书。他所发明的思维导图几乎成为世界500强企业的管理者必须学习的课程，同时，他也是“世界脑力锦标赛”的发起人之一。在国际社会上，波音、微软、IBM、索尼、三星、甲骨文、摩根、英国电信等大公司都将思维导图运用到工作中解决问题，有不少运用思维导图的经典案例，各个大学也逐渐开始有了专门介绍思维导图方法的选修课程。在国内，也开始有一些实验中小学在普及这种思维方法。对于思维导图的学习，动手画是最有效的学习手段，你只有通过实际制作，才能真正体会到思维导图的各种好处。

说得简单一点，思维导图就是一种发散式的笔记，但是它的重点在于，通过绘制思维导图的过程，会让我们从原本对遇到的问题没有任何想法变得开始有想法，逐渐想到问题突破口，慢慢有了茅塞顿开的感觉。绘制一幅思维导图很简单，我们只需要两件东西：1.细的彩色笔（彩色铅笔太淡，不推荐）；2.A3或者A4纸。

绘制一张思维导图一般有四个步骤，它具有“创新”和“整理”两个大的功能，“创新”功能多用于企业管理、研发等，“整理”功能多用于学习的整理、记忆等。在此，我们以创新性为主，以《如何研发一款新型沙发》为题，绘制一张思维导图。

第一步：绘制中心图——我们在接到一个任务或者课题的时候，如果不是已经有了充分的经验和准备，很难一时想到满意的方案，也往往会因没有灵感而想很久。我们在本书的第4章已经详细讲了发散思维的方法，思维导图的原理就是运用了发散思维，所以在接到一个题目的时候，我们先发散思维将最能代表这个题目的物品画到图的中心，它相当于标题。这里的题目不是一个抽象的事物，主体是沙发，因此直接画沙发为中心图。

对第一步容易产生的错误理解：画不好怎么办?

思维导图是通过画图的过程来辅助和推动我们的思维，画得好画面当然会更漂亮一些，我们绘制完以后也会有一种成就感。**但是，它并不是画画比赛，它注重的是过程。**

第二步：绘制主干——第二步是整个思维导图绘制最关键的一步，也正是这一步的绘制方法会引导我们高效、精准、具体地思考问题。比如给出的思维导图题目“如何研发一款新型沙发”，根据大脑思考的原理，首先大脑会浮现一些零散的关键词，比如“好看”“可以折叠”“易清洁”等，但是这些概念都比较虚，明显不可能被拿出来作为一个方案，而通常在整个部门的讨论当中，针对各种问题又会有各种讨论，最终拿不出定论也比较低效。

在此，我们就要运用思维导图“将发散思维具体化”的作用，先根据刚才提出的概念，**按类型**进行分类，比如“好看”，它属于款式；“可以折叠”属于功能；“易清洁”可以归类于材质，那么我们就需要把款式、材质、功能这三个分类用不同的颜色画成主干，**并在主干上面写上关键词**。这里必须注意，当我们将“款式”画成主干的时候，可能会突然有将沙发设计成单人、多人等各种新的想法，这时我们暂且不要往下发散，因为在工作中讨论并不高效，所以，既然将“款式”定为了主干，**我们就应该优先思考和主干属于同一级的其他主干，**即考虑款式以外的问题。比如想在沙发上有充电器插孔，这个想法属于“功能”，因此画上功能的主干，又想到可以设计成懒人沙发，但是它还是属于“功能”这一主干，暂且不做过多讨论，应该再向“功能”以外的问题考虑，比如方便清洁，这又属于“材质”，所以再画上材质的主干，依此类推。当你严格按这样的步骤来绘制这幅思维导图的时候，你会发现它大大提高了你的工作效率，每一步都引导你去想新的内容和创意。我们在绘制的过程中竟然无意识地推着自己的思路向前，并从没有思路变成了有思路，从无到有，这就是思维导图的神奇之处。

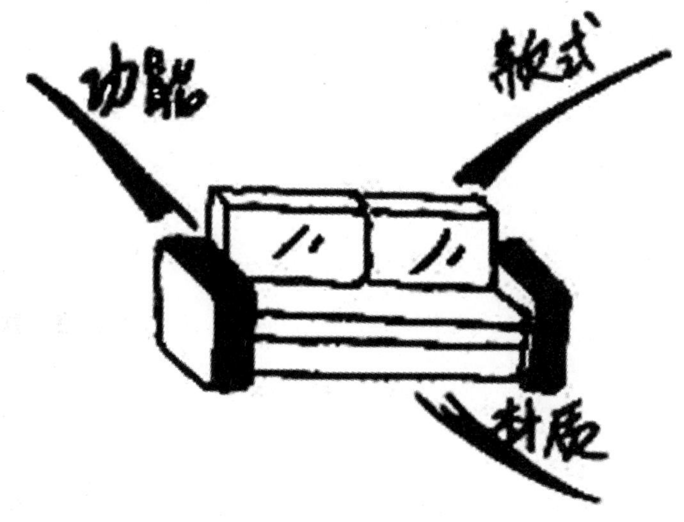

对第二步容易产生的错误理解：只想到一个或两个主干怎么办？

思维导图的结构优势就在于它是绘制在一整张A3或者A4纸上的，不管是主干还是分支，都方便我们随时添加，所以只需要按步骤完成，想不到就先空着。

在第二步容易出现的错误：不少思维导图的初学者容易在画出第一个主干之后就没有接着画后面的主干，而是在第一个主干就开始往下发散，这样的绘制容易造成分类重叠，也不是高效的绘制方法，如下图所示：

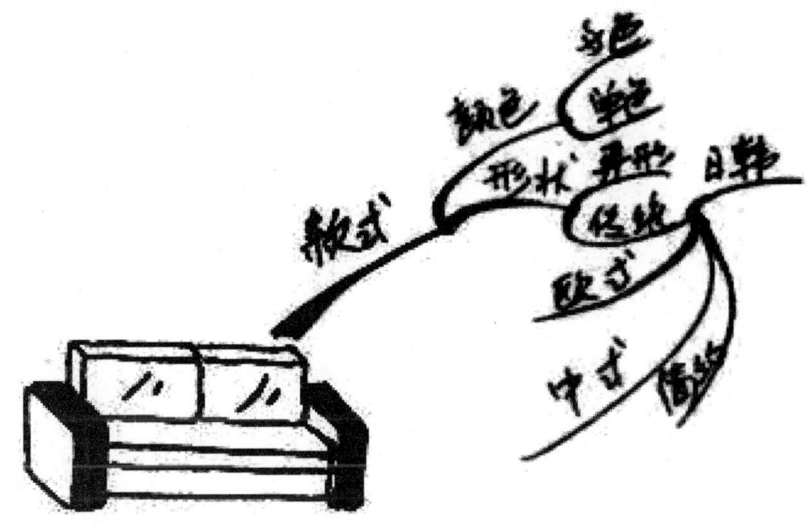

错误的绘制

第三步：绘制分支——绘制分支的环节就是我们将想法具体到实处的一步，我们针对每一个主干都尽可能多的去发散，让主干开花结果。比如在“款式”这一个主干上，我们可以想到颜色和形状两个大的分类，严格来说另一条主干“材质”也应该归类于款式，但是我们可能想到材料可以有更多的细化，所以单独立一个主干，这也是我们常用的方法，将重点独立出来。主干“款式”分出了“颜色”“形状”，那么颜色又可以分为纯色和多色；形状也可以分为异形式样和传统式样；传统式样又可以分为欧式、日韩、中式、简约等。一个主干下面可能有多个分支，每个分支下面又可以往下无限细分，这就要根据我们的需要进行绘制了。结合实际情况，如果是设计纯色沙发，那么多色的那条分支就不必再去细化，如果是一款简约沙发，那么其他风格也可以不再去考虑和讨论。“功能”主干，我们可以往下想到能否做成智能化、安装夜灯、是否带充电器甚至是否连接Wi-Fi等创意，还可以按舒适度来分类，是否加入夏天充水降温、冬天电热毯升温、加入收纳功能等。在“材质”的主干上，我们也可以细化到人造或者木质、皮质、布艺等，然后再深入讨论其中某一项或者多项。

当你把每一条主干都发散思维，每一个分支都绞尽脑汁地充实以后，你会发现，就《如何研发一款新型沙发》这个题目，你的方案就在思维导图当中。在思考的过程中，也许在很多分支上你都想到了各种各样的创意，但当你完成这一幅导图的时候你会发现，一切都收纳在你的眼里，通过导图，你可以结合研发时给出的条件、成本等情况清楚地看到哪些创意是可行的，哪些是不切实际或者不符合市场的。就在绘制的整个过程中，思维导图调动了你所有的想象力，让你“挤出”了idea。

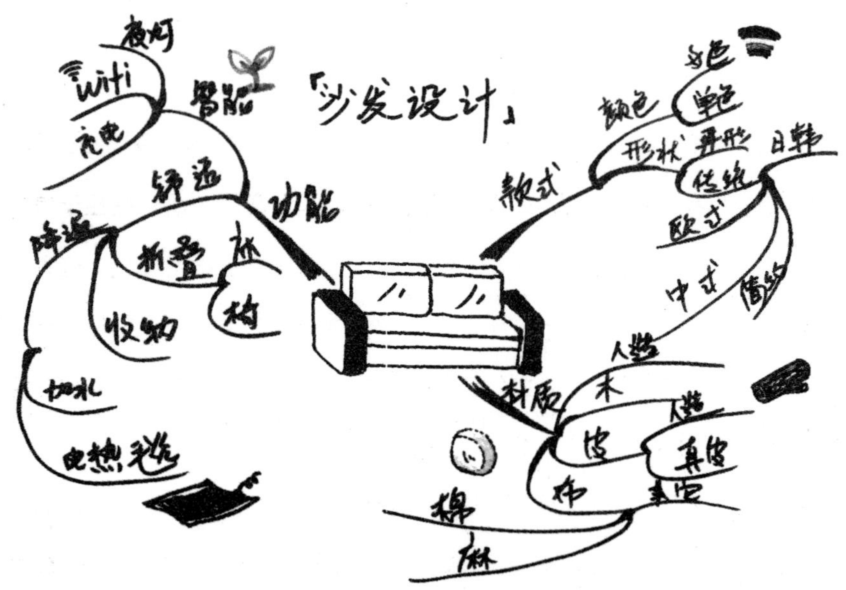

第三步容易出现的错误：有的人跳跃性思维比较强，在一个问题上还没深入讨论就又跳到另外的问题上，我的周围就有这样的同事。比如，这类人在绘制思维导图的时候刚刚想到款式可以按颜色和形状分类，然后马上又想到功能的地方要加上抽屉，于是又在功能的主干上加一个分支。思维导图的作用是“创新”和“整理”，它也是对我们大脑中一些零散的想法进行整理的过程，因此在主干画完以后，应该逐一将每一个主干尽可能细地具体化，当想不到和主干相关的任何想法的时候再进行下一个主干的思考，思维导图的这种步骤更有助于给大脑的信息分类和提高大脑的效率。

第四步：配图——完成了主干和分支的绘制，我们对此方案基本已经“心里有数”了，再对刚才自己觉得是重点或者重要的思路部分配上好看的插图和添上标题，一幅思维导图就基本完成了。配上插图的目的是让印象更加深刻，它利用了我们右脑爱图爱画的天性，即便画得并不好看，当你添上插图以后你都会有一种莫名的成就感，这时一张项目草稿就成了自己的得意作品，你会不时地拿出来欣赏它。另外，它也是一种视觉记忆的辅助，如果是一篇对课文内容的整理，相信你在画完思维导图，配上插图以后，闭着眼睛回忆自己画过的思维导图，你就能背出那篇文章了，但是同一篇文章你抄写十遍未必能记得住。

一张合格的思维导图应该包括：有趣的中心图、由粗到细的主干、清晰的分支、精简的关键词、漂亮的配图这5个基本元素。所谓一图胜千言，一张优秀的思维导图可以让看过的人留下深刻的印象。我们也经常看到一些和思维导图结构相似的树状图，或者一些比较失败的思维导图。通常失败的思维导图都会显得分支杂乱、关键词冗长、色彩单一等，这样的图形并没有利用大脑思考的科学规律，也称不上思维导图，我们应该区分开来。

创新不但是企业长久发展的根本，也是人类社会进步的源泉。相信八零后的大部分人用的第一部手机都是诺基亚，然而当苹果公司的iPhone一夜之间变成街机的时候，诺基亚这家曾经的手机老大被远远甩在了后面，一家1976年成立的公司超越了一家1865年成立的百年企业。单从专利申请数目的角度来说，苹果公司15500多项专利中有2113项是和手机相关的专利，而诺基亚数万项专利中有5633项属于手机专利，从比例上来说，诺基亚的创新落后于苹果，这不得不说是诺基亚破产的一个重要原因。

在日本也有很多百年企业，它们在经营的同时时时不忘创新。就拿著名的游戏厂商任天堂来说，从我们儿时玩的红白游戏机到体感游戏机WII再到掌机3DS，每一次的创造性发明虽然不能说都是成功的，但是这种制造欢乐、永远在创新的精神确实值得学习。同样，索尼作为世界著名的电子品牌拥有很多子公司，在电子游戏领域，PS系列一直是索尼公司的盈利部门。就在索尼每个部门都在亏损的最困难时期需要选择新CEO的时候，索尼公司选择了游戏部的部长平井一夫作为新领导人。不难看出，创新能力一直是游戏研发的命脉，也许正是索尼感觉到了危机，想到只有创新才能前进，才会任用这位曾经的游戏部部长做CEO吧。

“创新”是思维导图的主题，它在我们的生活中已经被广泛使用，银行的各种理财产品、活动的策划、保险产品的设计、会议讨论等都离不开思维导图，美国波音公司在设计波音747飞机的时候就使用导图节省了一千万美元。我们可以想象，飞机的设计牵涉到各个系统各个部门，有总工程师，有线路框架的设计、功能的设计、装饰的设计、安全的设计等，每个地方的小改动都要通知到所有的相关部门，这是一个非常耗时的过程。通过思维导图，每个部门简化了沟通，在主干和分支上可以清晰地看到分工，与自己部门相关的注意事项，他们也可以通过导图一目了然。

波音公司在研发设计一架飞机的过程中遇到这样的问题：它所涉及的手册多达83000页，没有人能够全部记住，每个人都关注自己的进展和细节，而忘记和整个飞机的联系。波音公司在美国西雅图的研发主管麦克斯坦利博士为了解决这一问题，画了一幅巨大的思维导图，提供给整个研发团队一个大图景：我们如何设计一架飞机？盥洗室的零件是如何与飞行模式联系在一起的？机翼的结构在电气上又如何影响盥洗室？这些电气零件是如何和飞机上其他的灯联系在一起的？“通过这个图，人们可以知道，你在这儿，这是你的责任，如果你的部分被完成了，就会被注明。整个团队知道所有人在做什么。”

手绘思维导图是美妙的过程，现在也可以通过软件来制作思维导图，著名的软件有MindManage、IMindmap、FreeMind等，在此为各位推荐一款我个人觉得最好用的软件：NovaMind，操作简单又容易上手。思维导图作为大脑三大工具（快速记忆、快速阅读、思维导图）之一，它的运用非常广泛。既然是一种思维工具，那它就和记忆力的训练一样需要我们去熟练，每一个刚学习思维导图的人都很难在前几次的绘制过程中就领会到它真正的好处，它是一种思考的艺术，你仅仅要做的就是遇到问题的时候先改变在脑子里空想的习惯，然后拿出彩色笔和纸画一下思维导图，也许你会顿时觉得柳暗花明，豁然开朗。

第六章

记忆实战广场

第一节　考试类

记忆术并没有那么复杂，也不必分这样那样的方法，只要你会发散、会转化、会联想，并且懂得“柔软”地使用大脑，一切都会变繁为简。这个章节我们将以一些实际内容来考查你是否领会了记忆术的诀窍，并希望通过这些练习，你更加熟悉和懂得如何运用记忆术。

[1]　高中地理知识点

“寒极”是南极而不是北极的原因：

①海陆热力性质差异。南极洲为陆地，降温更快；

②南极海拔高，气温更低；

③冰雪覆盖面积更广，反射率高；

④南极周围西风漂流（寒流）；

⑤南极冬季是地球远日点，极夜较长。

你的记忆：______________________________

____

点评：地理知识板块性最强，我们可以把每一个板块性知识的主题形象化，并把知识点串联或者定桩到主题上。相较其他学科，地理知识非常好理解，因此建议以理解为主，在理解的基础上做适当的串联记忆即可。这是一个有关南

极的问题，因此把它处理成企鹅，然后把下面的5个小点看作企鹅经历的5个小插图，理解加提取关键词的方法可以提炼出每一句的关键词分别是①陆地；②海拔；③反射；④寒流；⑤极夜。

记忆：企鹅钻出土地探出头来；

一跳顶破了海拔仪；

阳光反射刺眼，企鹅用双手遮住脸；

痛苦难耐地跳进夹杂着碎冰的快速流动的寒流；

探出头来，一直是漫天繁星的夜晚。

[2]　高中地理知识点

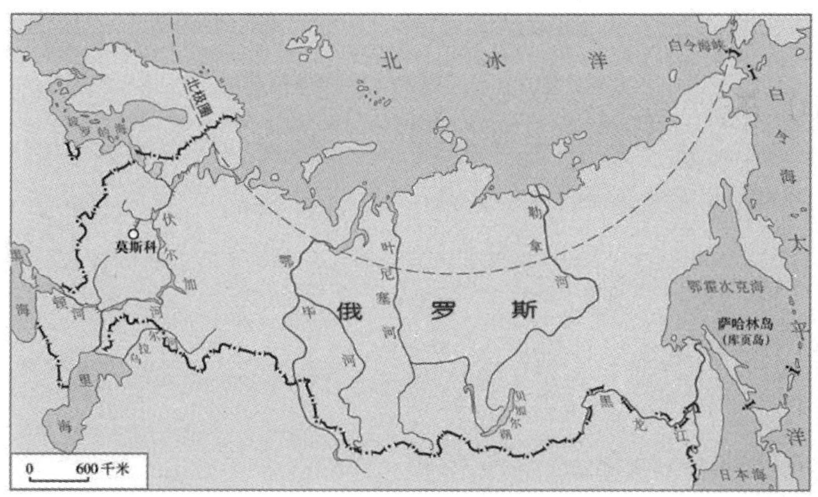

记忆从左往右四条大河的名称分别是：伏尔加河、鄂毕河、叶尼塞河、勒拿河。

你的记忆（记住四条河的名字和位置）：________________________

____

点评：通过观察，可以将俄罗斯的版图看作一个横着的撒尿的小孩，左边

是头，右边是脚。再观察四条河流的位置，可以想象为第一条河在头上，第二条河在脖子的位置，第三条河在胸前，第四条河在裤腰带上。先将四条河的名字读熟，形象记忆作为辅助手段，把第一个字作为关键字，并和位置锁在一起。可以把四条河分别处理为：①伏尔加河—伏特加；②鄂毕河—鳄鱼；③叶尼塞河—叶子和泥巴；④勒拿河—勒紧。

记忆：脸部——小孩在喝伏特加；颈部——鳄鱼咬住了小孩的脖子；胸部——用叶子做成衣服穿起来并盖上一层泥巴；腰部——把裤腰带勒紧。

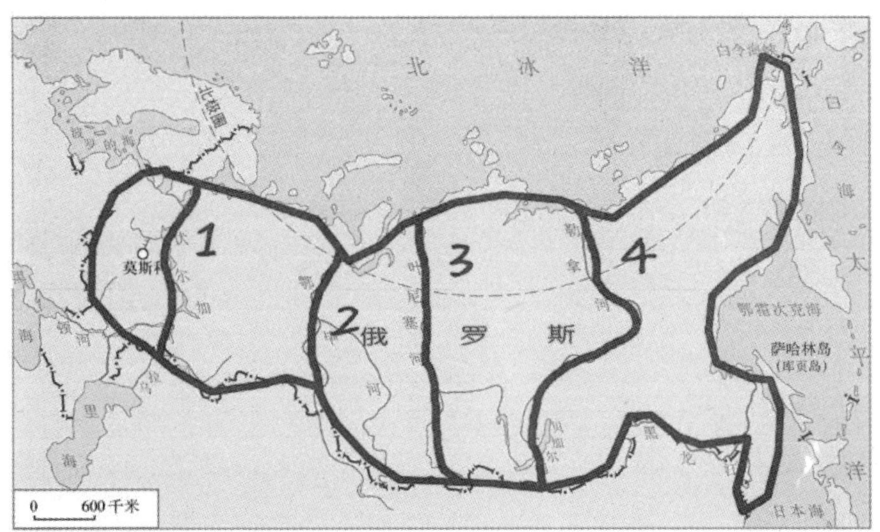

[3] **英语单词拼写记忆**

palace 迷宫

你的记忆：________________________________

scarf 围巾

你的记忆：________________________________

allowance 补贴

你的记忆：____

symbol 标记

你的记忆：____

apply 申请

你的记忆：____

base 基地

你的记忆：____

comedy 喜剧

你的记忆：____

bury 埋葬

你的记忆：____

cell 细胞

你的记忆：____

chaos 混乱

你的记忆：____

change 零钱

你的记忆：____

cage 鸟笼

你的记忆：____

carpet 地毯

你的记忆：____

chant 吟唱

你的记忆：____

damage 毁坏

你的记忆：________________

disease 疾病

你的记忆：________________

特别挑战——世界最长的单词

Honorificabilitudinitatibus

（27个字母,词义：无上光荣，出自莎士比亚的著作）

点评：先观察再记忆是记单词最大的诀窍，你会发现几乎课本上一半的单词都是可以转化的，有的单词可以完全转化，有的只能转化一部分，记住首字母是记忆单词的关键。

用拆分的方法可以将上述单词进行如下记忆：

palace 迷宫

记忆：pa怕-la拉-ce厕——怕拉肚子拉在厕所就跑去**迷宫**

scarf 围巾

记忆：s美女-car车-f 佛——美女围上**围巾**去参观大佛

allowance 补贴

记忆：all所有-o蛋-wan碗-ce厕——把所有蛋装进碗里拿到厕所去换**补贴**

symbol 标记

记忆：sym随意门-bol数字601——在随意门上画了一个601的**标记**

apply 申请

记忆：app软件-ly旅游——用软件**申请**

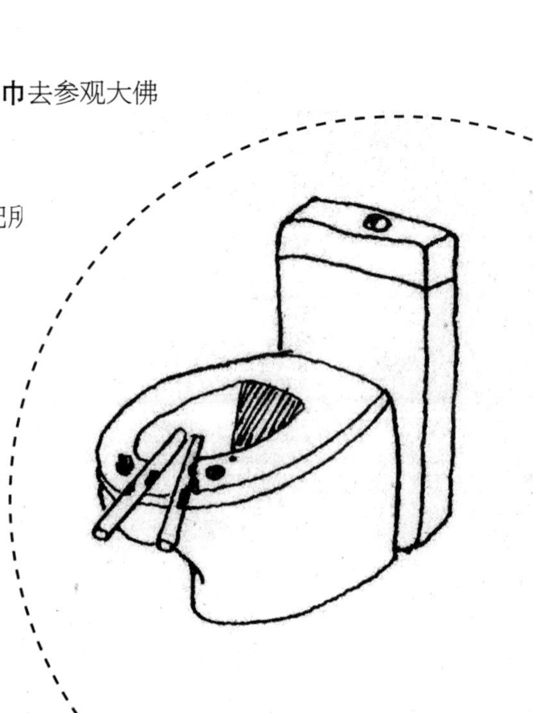

base 基地

记忆：ba八–se色——**基地**被涂上了八种颜色

comedy 喜剧

记忆：come来–dy电影——来看**喜剧**电影

bury 埋葬

记忆：bu不–ry如意——把不如意**埋葬**

cell 细胞

记忆：ce厕–ll筷子——厕所上的筷子培养了很多**细胞**

chaos 混乱

记忆：cha茶–os藕丝——茶里放了很多藕丝，喝下去大脑就**混乱**了

change 零钱

记忆：chang长–e娥——嫦娥给我**零钱**

cage 鸟笼

记忆：ca擦–ge哥——擦哥哥的**鸟笼**

carpet 地毯

记忆：car车–pet宠物——**地毯**就是车的宠物

chant 吟唱

记忆：chan铲–t十字架——一边铲十字架一边**吟唱**

damage 破坏

记忆：dama大妈–ge歌——大妈的歌声极具**破坏**力

disease 疾病

记忆：di地-sea海-se色——地面的海上出现了颜色，一定是染上了**疾病**

特别挑战——世界最长单词

honorificabilitudinitatibus

转化：h铁轨-o蛋-n磁铁-o蛋-ri日-f佛-i蜡烛-ca擦-bi笔-li梨-tu兔-di笛-ni泥-ta塔-ti梯子-bus巴士

记忆：信息比较多，可以用串联记忆，也可以定桩记忆，这里尝试用身体定桩。左脚卡进铁轨；右脚踩破鸡蛋；双膝有磁性无法张开；屁股下蛋；肚脐挤出太阳；左手做阿弥陀佛的手势；右手点蜡烛；左手臂绑上很多擦布；右手臂沾满了笔墨；左肩有一瓶冰糖雪梨；右肩兔子在跳；脖子夹住笛子；嘴巴吃泥；鼻尖上放一个宝塔；睁开眼睛看到梯子倒下了；头顶撞上巴士。

[4] 英语单词词义记忆

eagle 鹰 [ˈi:gl]

你的记忆：________________

evolution 发展 [ˌi:vəˈlu:ʃn]

你的记忆：________________

fever 发烧 [ˈfi:və(r)]

你的记忆：________________

gesture手势 [ˈdʒestʃə(r)]

你的记忆：________________

figure计算 [ˈfɪgə(r)]

你的记忆：________________

foolish 愚蠢的[ˈfu:lɪʃ]

你的记忆：________________

grand 宏大的[grænd]

你的记忆：________________

grape 葡萄[greɪp]

你的记忆：________________

greedy 贪婪 [ˈgri:di]

你的记忆：________________

hatch 孵化 [hætʃ]

你的记忆：________________

hire 租用[ˈhaɪə(r)]

你的记忆：________________

invent 发明 [ɪnˈvent]

你的记忆：________________

inform 通知[ɪnˈfɔ:m]

你的记忆：________________

jungle 丛林[ˈdʒʌŋgl]

你的记忆：________________

labour 劳动[ˈleɪbə(r)]

你的记忆：________________

professor 教授 [prəˈfesə(r)]

你的记忆：________________

noodle 面条 [ˈnu:dl]

你的记忆：________________

点评：利用谐音几乎可以背诵高中单词表中1/4的单词，背诵单词不但要读出声，还应该从读音方面朝我们所知道的词语发音靠拢。谐音是解决单词记忆最快速有效的方法，也是为单词困难户提供的一种有趣的解决方案。

eagle 鹰 [ˈi:gl]

谐音：医狗——一只老**鹰**在给狗看病

evolution 发展 [ˌi:vəˈlu:ʃn]

谐音：义乌鲁迅——义乌的**发展**离不开鲁迅

fever 发烧 [ˈfi:və(r)]

谐音：飞吻——做了个飞吻就**发烧**了

gesture 手势 [ˈdʒestʃə(r)]

谐音：假使劲儿——假使劲儿做**手势**

figure 计算 [ˈfɪgə(r)]

谐音：肥个儿——肥个儿胖子都不会**计算**

foolish 愚蠢的[ˈfu:lɪʃ]

谐音：付利息——**愚蠢**的人一直只付利息

grand 宏大的[grænd]

谐音：广大——广的就是**宏大的**

grape 葡萄[greɪp]

谐音：跪扑——跪着扑向**葡萄**

greedy 贪婪 [ˈgri:di]

谐音：跪地——**贪婪**地跪在地上索取更多

hatch 孵化 [hætʃ]

谐音：哈气——哈一口气，蛋就**孵化**了

hire 租用[ˈhaɪə(r)]

谐音：孩儿——**租用**别人的孩儿

invent 发明 [ɪnˈvent]

谐音：硬吻他——**发明**了一种机器硬吻他

inform 通知[ɪnˈfɔ:m]

谐音：迎风——迎风吹来了一纸**通知**

jungle 丛林[ˈdʒʌŋgl]

谐音：讲够——在**丛林**里讲个够

labour 劳动[ˈleɪbə(r)]

谐音：累吧——**劳动**很累吧

professor 教授 [prəˈfesə(r)]

谐音：怕发烧——**教授**都怕发烧烧坏脑子

noodle 面条 [ˈnu:dl]

谐音：卤豆——**面条**里必须加一点卤豆

[5] 初中数学三角函数基本

公式记忆

①sinx=tanx÷secx

②sinx=cosx÷cotx ③sinx=1÷cscx

④tanx=sinx÷cosx

⑤tanx=sec÷cscx ⑥tanx=1÷cotx

⑦secx=cscx÷cotx

⑧secx=tanx÷sinx ⑨secx=1÷cosx

⑩cscx=secx÷tanx ⑪cscx=cotx÷cosx ⑫cscx=1÷sinx

⑬cotx=cecx÷secx ⑭cotx=cosx÷sinx ⑮cotx=1÷tanx

⑯cosx=cotx÷cscx ⑰cosx=sinx÷tanx ⑱cosx=1÷secx

⑲sinx=tanx×cosx ⑳tanx=sinx×secx ㉑secx=cscx×tanx

㉒cscx=secx×cotx ㉓cotx=cscx×cosx ㉔cosx=cotx×sinx

㉕$\sin^2x+\cos^2x=1$ ㉖$\tan^2x+1^2=\sec^2x$ ㉗$1^2+\cot^2x=\csc^2x$

你的记忆：____

____

____

点评：相信不少读者都曾经有过类似的痛苦经历，那就是记不住数学的三角函数。记得我在上初中的时候，几何的那几章我学得都很好，考试的分数也都在全班名列前茅，但是进入三角函数的篇章以后，我开始慢慢地讨厌数学，原因很简单，学习三角函数需要记大量的公式，而死记却是无法记住的，就算记住也需要大量地做题才能巩固。针对上面的27个公式，有一种比较简单的“六边形”图形记忆法，可以轻松地将它们全部记住。

记忆：

第一步：借用六边形，记住每个角的名称，中间是数字“1”（正弦sinx、余弦cosx、正切tanx、余切cotx、正割secx、余割cscx）

把六边形看成一个蛋糕，蛋糕的左边名称全是“正”，右边名称全是“余”。上角：联想手拿蛋糕左上方旋转蛋糕盘，所以是“弦”；中间：联想横着切蛋糕，因此中间是“切”；下角：联想从下边割走一块蛋糕，因此是“割”。

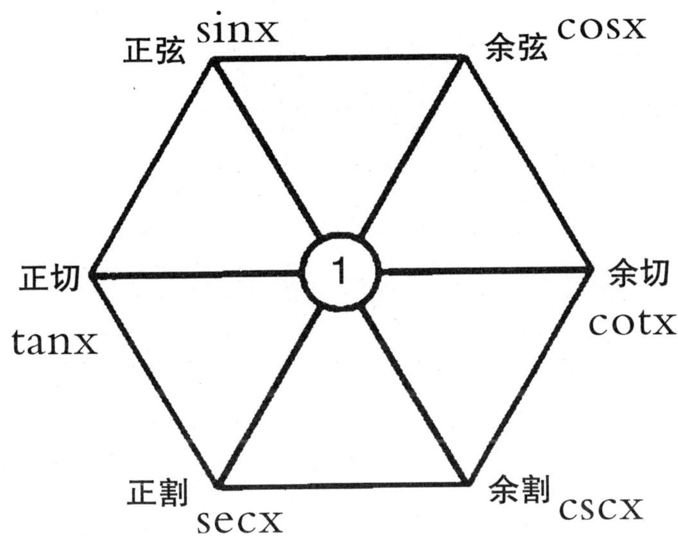

第二步：近比远

以“正弦”为例，六个角分别等于离它近的除以同一方向更远的。如：正弦=正切÷正割，用公式表达就是sinx=tanx÷csex；同样，正弦=余弦÷余切；中间方向，正弦=1÷余割。

一共有6个角，一个角有3个公式，因此6个角一共是18个公式，第二步记住了18个。

第三步：邻边乘

还以“正弦”为例，六个角分别等于它的邻居相乘，即正弦=正切×余弦，用公式表示就是sinx=tanx×cosx，一个角一个公式，6个角一共6个公式，这一步又记住6个，加上前边记住的18个，已经记住了24个。

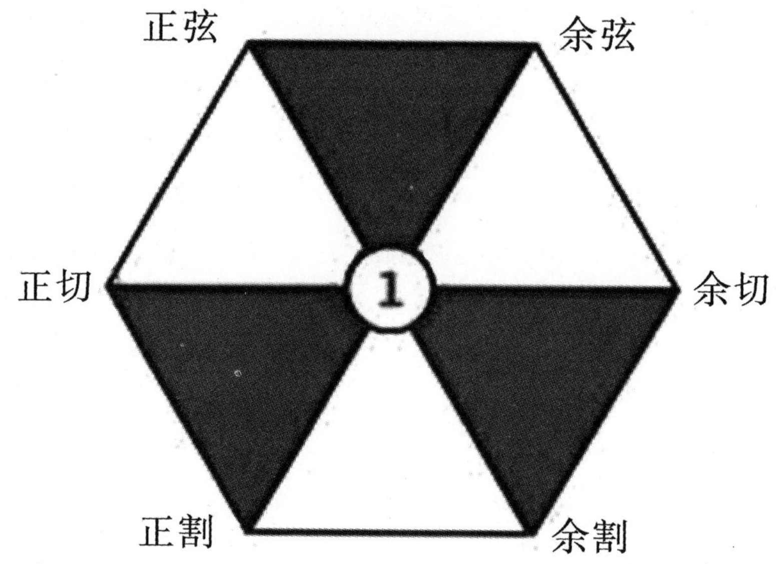

第四步：平方和（羊胡子的平方等于羊角的平方相加）

六边形中有3个是倒三角形，把每个深色的倒三角形看作是一个“羊头”，羊胡子的平方等于羊角的平方相加，以“正割”为例，即正割平方=正切平方+1，用公式表达就是$cse^2x=tan^2x+1^2$，图形中一共3个倒三角形，有3个公式，至此27个基本公式全部记住了。

[6] 尝试记忆高中三角函数公式

①$\cos(\alpha+\beta)=\cos\alpha\cos\beta-\sin\alpha\sin\beta$

②$\cos(\alpha-\beta)=\cos\alpha\cos\beta+\sin\alpha\sin\beta$

你的记忆：____

____

____

点评：高中的三角函数公式更加复杂，而且推导公式众多，如何才能清晰地记住它们？这需要我们充分观察并开动脑筋，这里将字符编码化，然后再利用一个场景来搭建情节，记忆就变得简单多了。说到cos于是想到了cosplay，那么就用参加一个动漫展的情节来帮助记忆，假设cos是师父，sin是徒弟，α和β代表两个不同的动漫人物，“−”号表示对一件事情没有信心，“+”表示有信心。

记忆：公式①中cos(α + β)表示师父参加cosplay的动漫比赛，在有信心的情况下，他分别扮演了α和β，并且因为有信心他也不需要徒弟sin上场，于是就有− sin α sin β，整个事情用公式表达就是$\cos(\alpha+\beta)=\cos\alpha\cos\beta-\sin\alpha\sin\beta$；

公式②中cos(α − β)表示在没有信心的情况下师父参加了比赛，他还是分别扮演了α和β，但是需要徒弟sin来助阵，于是有+sin α sin β，整个事情用公式表达为$\cos(\alpha-\beta)=\cos\alpha\cos\beta+\sin\alpha\sin\beta$。

[7] 英语月份简写的记忆

一月——Jan　二月——Feb　三月——Mar

四月——Apr　五月——May　六月——June

七月——July　八月——Aug　九月——Sept

十月——Oct　十一月——Nov　十二月——Dec

你的记忆：________________________________

____

____

点评：最简单的信息通常我们容易忽略，英文月份在实际生活当中也经常用到，记忆这种信息和我们前面记忆星座一样，因为月份本身是用数字来代表，因此用数字锁链将月份牢牢地连接起来是最简单有效的办法。先将月份拼写转化为（实际生活中我们多数仅需要看到英文简写然后知道是几月就可以了，所以这里根据需要有的月份仅转化首字母即可）：Jan剪、Feb佛、Mar骂人、Apr苹果、May蚂蚁、June菌、July锯鲤鱼、Aug嗷嗷、Sept美女、Oct花圈、Nov磁铁、Dec盾牌。一月到十二月使用1～12的数字编码。

记忆：剪刀剪绿叶；梨掉到佛祖头上；骑着大象骂人；打开零食，里面是苹果；灵符贴了，蚂蚁就被定住了；野生菌结出一颗颗玻璃珠子；凉席包裹鲤鱼；陷进泥巴地里发出嗷嗷的叫声；美女吃泥鳅；蛇缠在花圈上；筷子有吸力打不开；婴儿在盾牌上爬行。

[8] 高一政治知识记忆

我国政府担负着下列重要的职能：

1.保障人民民主和国家长治久安的职能；

2.组织社会主义经济建设的职能；

3.组织社会主义文化建设的职能；

4.提供社会公共服务的职能。

你的记忆：____

____

____

点评：这个材料既好理解又容易处理，我们只需要在转化以后想象一个动态的画面便记住了，1.转化为保安；2.转化为钞票；3.转化为跳舞；4.转化为打扫卫生。

记忆：一个保安在数钱数累了的时候跳起了舞，然后打扫卫生。

[9] 高中历史知识记忆

清朝的主要年号顺序：天命、天聪、顺治、康熙、雍正、乾隆、嘉庆、道光、咸丰、同治、光绪、宣统

你的记忆：____

____

____

点评：历史朝代年号的记忆对于历史事件的背景、社会、经济等的判断非常重要，对于这种顺序性非常强的信息，我们必须做到准确无误地记忆。简单的串联记忆容易遗漏信息，我们应该选用定桩记忆来将顺序牢牢地钉死，又由于历史知识点有板块性强的特点，我们可以用图片定桩的方法。十二生肖最后一个动物是猪，这里我们就用猪来记忆中国封建社会最后一个朝代的年号顺序。首先观察清朝一共有十二个年号，因此我们需要在猪身上选择6个有特征的部位，用每一个部位连接两个年号的方法来记忆。选择：①猪蹄，②猪鼻子，③猪耳朵，④猪背，⑤猪尾巴，⑥猪肚子。第二步再将十二个年号转化为：天命–天猫、天聪–天窗、顺治–绳子、康熙–洗衣机、雍正–泳装、乾隆–龙、嘉庆–夹子、道光–刀、咸丰–琴弦、同治–桶、光绪–光亮、宣统–谐音：小偷。

记忆：①天猫买了猪蹄，把猪蹄扔到了天窗上；②绳子穿过猪鼻子，拉着绳子把猪牵到洗衣机里边洗；③猪耳朵套上泳装，泳装上龙的图案变成了真龙飞出来；④用夹子夹住厚厚的猪皮再用刀割下来；⑤用琴弦拉，拉完放进桶里烫；⑥猪肚子擦得发光发亮，小偷躲进了猪肚子里。

[10] 《道德经》的部分记忆

知人者智，自知者明。

胜人者有力，自胜者强。

知足者富，强行者有志。

不失其所者久，死而不亡者寿。

你的记忆：____

____

____

点评：《道德经》全文八十一章，部分章节比较生涩难懂，也不像诗词一样朗朗上口，对于这种文字的记忆我们应该以理解记忆为主，图形记忆作为辅助。通过记忆力的训练，相信我们在阅读这些文字的时候感触会比以前更加深刻，比如在你的头脑中可能会出现一幅这样的画面：一个老人（老子）指着别人说道："知人者智"，然后又指着自己的脑袋说："自知者明"，接着挥舞着拳头打向四周说："胜人者有力"，然后脱了衣服秀起肌肉说："自胜者强"，接着他拿出一个金元宝摸了摸，比出一个坚持的手势，走到一棵树根面前指了指说道："不失其所者久"，说完躺到地上叹息一声说："死而不亡者寿"。随着练习的提高，相信你的画面感会越来越强，即使不使用串词、转化等技巧，也能对这篇文章有更深刻的印象，回忆的时候，老者先是指别人接着指自己等一系列的情节就像动画一样浮现出来。当然，为了记得更牢靠，我们还可以从每一句中提取一个关键词将它们串联起来。

[11]　《出师表》的记忆

出师表

臣亮言：先帝创业未半而中道崩殂，今天下三分，益州疲弊，此诚危急存亡之秋也。然侍卫之臣不懈于内，忠志之士忘身于外者，盖追先帝之殊遇，欲报之于陛下也。诚宜开张圣听，以光先帝遗德，恢弘志士之气，不宜妄自菲薄，引喻失义，以塞忠谏之路也。

宫中府中，俱为一体；陟罚臧否，不宜异同。若有作奸犯科及为忠善者，宜付有司论其刑赏，以昭陛下平明之理，不宜偏私，使内外异法也。

侍中、侍郎郭攸之、费祎、董允等，此皆良实，志虑忠纯，是以先帝简拔以遗陛下。愚以为宫中之事，事无大小，悉以咨之，然后施行，必能裨补阙漏，有所广益。

将军向宠，性行淑均，晓畅军事，试用于昔日，先帝称之曰“能”，是以众议举宠为督。愚以为营中之事，悉以咨之，必能使行阵和睦，优劣得所。

亲贤臣，远小人，此先汉所以兴隆也；亲小人，远贤臣，此后汉所以倾颓也。先帝在时，每与臣论此事，未尝不叹息痛恨于桓、灵也。侍中、尚书、长史、参军，此悉贞良死节之臣，愿陛下亲之、信之，则汉室之隆，可计日而待也。

臣本布衣，躬耕于南阳，苟全性命于乱世，不求闻达于诸侯。先帝不以臣卑鄙，猥自枉屈，三顾臣于草庐之中，咨臣以当世之事，由是感激，遂许先帝以驱驰。后值倾覆，受任于败军之际，奉命于危难之间，尔来二十有一年矣。

先帝知臣谨慎，故临崩寄臣以大事也。受命以来，夙夜忧叹，恐托付不效，以伤先帝之明，故五月渡泸，深入不毛。今南方已定，兵甲已足，当奖率三军，北定中原，庶竭驽钝，攘除奸凶，兴复汉室，还于旧都。此臣所以报先帝而忠陛下之职分也。至于斟酌损益，进尽忠言，则攸之、祎、允之任也。

愿陛下托臣以讨贼兴复之效，不效，则治臣之罪，以告先帝之灵。若无兴德之言，则责攸之、祎、允等之慢，以彰其咎；陛下亦宜自谋，以咨诹善道，察纳雅言，深追先帝遗诏。臣不胜受恩感激。

今当远离，临表涕零，不知所言。

点评：《出师表》是初三年级语文最重要的文章之一，学习的时候老师要求全文默写。文章有一定的长度，我们不可能全文转化，可以在部分重点段落中提取关键词串联，也可以在每一段划出关键词，或者将每一段的第一个词划成关键词再进行串联记忆。对于这种是考试重点的文章，我们甚至可以用数字编码将关键词锁住，在熟读理解记忆的基础上，通过运用数字编码至少可以达到不漏段落的目的。比如，依次将每一段的第一个词划成关键词分别是：①臣亮（乘凉），②宫中（宫廷里），③侍中（时钟），④将军（将军），⑤亲贤臣（亲吻），⑥臣本布衣（布衣），⑦先帝（仙人），⑧愿陛下（陛下），⑨远离（远去）。下一步我们可以选择数字编码来连接，如果你已经用01～09记了其他信息，那么我们就可以灵活性地用11～19或者其他的编码，在此就用11～19来尝试。

记忆：①拿着筷子一边敲打一边乘凉；②宫廷里传来婴儿的哭声；③用衣裳裹住时钟；④用钥匙解救将军；⑤给衣服一个吻；⑥用布衣把石榴擦干净；⑦仪器里关了个神仙；⑧用牙刷给陛下刷皇冠；⑨喝药酒喝醉了越走越远。

注意：这里的记忆我们仅仅是运用少部分的记忆技巧将每一段“锁起来”形成一个回忆的提醒而已。所谓“熟能生巧”，“书读百遍其义自现”，**学会形象记忆并不代表我们必须依赖形象记忆，**在原有记忆方式的基础上把它作为一种辅助记忆也是灵活运用记忆术的体现。对于大部分初学记忆术的读者来说，转化是一个困难的过程，与其逐字逐句痛苦地转化，不如换一种更灵活的方式，更别说这样的文章逐字转化后回忆的还原率能有多少了。我认为只要与原来相比，在阅读的时候有身临其境的画面感、记忆的时候懂得科学分配左右脑、运用的时候懂得灵活选择各种记忆技巧和各种大脑工具，那就是不折不扣的记忆高手。

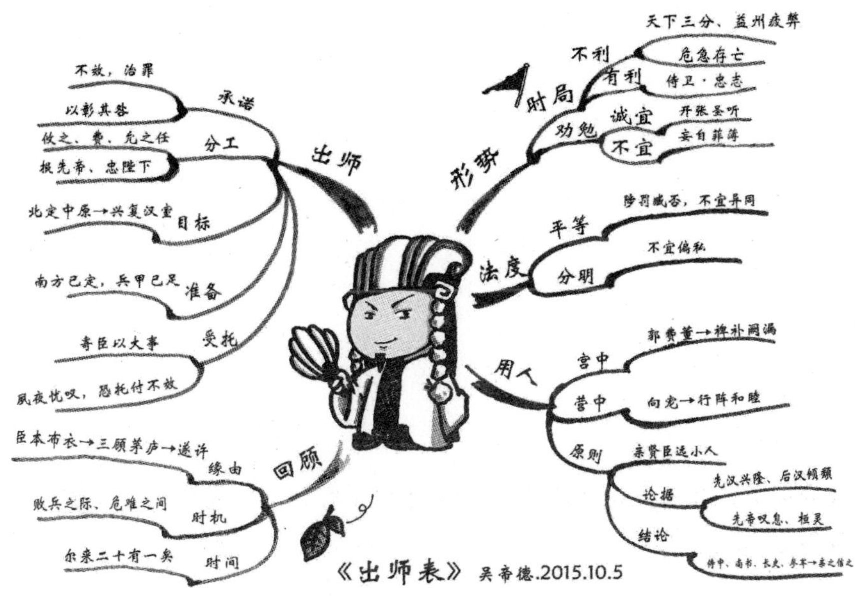

彩色原图请参照附录彩插

除此之外，我们也能通过绘制思维导图的方法来加深理解和记忆。

[12]　万有引力公式记忆

两个可看作质点的物体之间的万有引力，可以用以下公式计算：

$$F=G\frac{Mm}{r^2}$$

即万有引力等于引力常量乘以两物体质量的乘积除以它们距离的平方。

点评：公式的记忆应该着重理解其原理并了解推导得出该公式的过程，通过记忆力的训练，也许你在理解其推导过程的时候已经可以清晰地在大脑中呈现出图像，联想出物体相互吸引的动态、科学家做实验时每一个步骤的细节，从而加深印象。

记忆：在此，我们还可以把字母直接形象化，转化成某个画面来尝试记忆。如果把G看成鸽子（拼音发音），r看成小草，m联想到麦当劳的汉堡，那么我们可以得到下面这张有趣的图片。一只鸽子看到两根小草上漂浮着两个美味的汉堡，这对它相当有吸引力，所以它直流口水。

第二节 职场类

工作当中的记忆和考试一样也具有强制性，它往往和我们的业绩考核、升职、收入等都有一定的关系，是我们不得不记的内容，记不住还有可能让我们丢掉饭碗。职场类信息的记忆板块性不像考试内容那样分散，大部分需要记忆的信息，你一旦记住就一劳永逸了，因此，这方面的记忆我们应该以准确无误为目标，需要运用生动的动态联想和夸张的连接来巩固。

[1]某电商平台酒店预订部门区域经理负责的区域内有数百家酒店，如果他能够记住每一家酒店的位置、星级、前台电话、房间数量等信息，那么他的工作效率就可以大大提高。此处仅以记住酒店标准间的数量为例来尝试以下记忆（部分酒店名称和房间数量为虚构）。

豪生酒店 190间	索菲特大酒店 401间	国航洲际酒店 544间	喜来登大酒店 312间	天堂酒店 245间
华美达酒店 80间	芙蓉大酒店 69间	蓉城酒店 78间	黔城宾馆 42间	玉丽大酒店 77间
林城酒店 56间	锦江酒店 111间	金河大酒店 138间	樱花酒店 79间	银河大酒店 197间
舒达宾馆 70间	绿城酒店 197间	府河宾馆 88间	雷山大酒店 99间	四季酒店 169间
阳城酒店 54间	山水宾馆 59间	岷山大酒店 297间	王朝酒店 195间	丽晶酒店 92间

你的记忆：____

____

____

点评：这里仅仅列出了很少部分的酒店，针对职场当中的信息，我们需要对同类信息进行海量内容的记忆，因此我们可以从简单开始，先记对工作最有帮助的，再依次记其他内容，而且工作当中遇到的信息也不一定需要短时间内就必须记住，只要我们一边上班一边抽时间一点一点地记忆就可以达到最终的目标。第一步，先将各个酒店的名字进行转化得到：

豪生→耗子	索菲特→锁链	国航洲际→飞机	喜来登→结婚	天堂→天使
华美达→画	芙蓉→芙蓉花	蓉城→榕树	黔城→钱币	玉丽→玉石
林城→淋浴	锦江→锦缎	金河→金色大河	樱花→樱花	银河→银河
舒达→书	绿城→绿巨人	府河→豆腐河	雷山→雷声	四季→四季豆
阳城→太阳	山水→水墨画	岷山→光明的山	王朝→秦始皇	丽晶→水晶

转化是一个需要熟练的过程，转化要以抓住名字的特征为重点，否则还原的时候会出现误差。如果这些酒店当中我们去过一部分或者对其中几个印象特别深刻，（有可能是某个酒店前台的造型、装饰、周围的水果店或者某个服务员等）那么本着“借已知记忆未知”的原则，我们可以把这些有印象的人或物直接当作工具来使用，就不需要多余的转化了。前面我们已经讲到，三位数的数字我们可以用在其前边或者后边加“0”的方法来记忆，这里以在前面加“0”的方式来完成如下记忆（以前10个酒店为例）：

豪生→耗子→190间	耗子吃了绿叶（01）钻进了酒瓶（90）
索菲特→锁链→401间	锁链勒紧零食（04），爆开爆出绿叶（01）
国航洲际→飞机→544间	飞机贴上灵符（05）撞上了狮子（44）
喜来登→结婚→312间	骑着大象（03）结婚并高举婴儿（12）
天堂→天使→245间	天使拖着一筐梨（02）送给打太极拳的师父（45）
华美达→画→80间	画面上的巴黎（80），铁塔栩栩如生
芙蓉→芙蓉花→69间	用剪刀（69）剪芙蓉花
蓉城→榕树→78间	榕树的树须上栓了很多西瓜（78）
黔城→钱币→42间	石猴（42）抢走了钱币
玉丽→玉石→77间	企鹅（77）在光滑的玉石上滑行
……	……

尝试还原：

锁链→索菲特→零食、绿叶→0401间

榕树→______→______→___间

玉石→______→______→___间

天使→______→______→___间

画→______→______→___间

结婚→______→______→___间

耗子→______→______→___间

芙蓉花→______→______→______间

飞机→______→______→______间

钱币→______→______→______间

[2]港式快餐店的收银员要在顾客选好菜以后必须快速地结算，几十种菜用不同颜色的碗分装区别，收银机软件使用的编码也是和颜色一一对应，收银员必须把每一种颜色对应的编码毫无差错地记住，作为一个新手，如果能快速精准地记住就能很快胜任工作。下面以颜色对应编码为例来尝试记忆。

颜色	**收银机对应编码**
红色碗	0024
橙色碗	0046
白色碗	0011
粉色碗	0061
深绿色碗	0007
浅绿色碗	0012
青色碗	0043
椭圆盘子	0123
大圆盘子	0133
方盘	0186
白色汤碗	0321
黄色汤碗	0347

点评：从上一个例子和这个例子我们都能看出，数字编码工具在工作中的实用性，所以我们需要熟悉数字编码，只有在这个基础上才能轻松地完成其他记忆任务，如果记忆编码生疏，自然会影响记忆效果。通过表格知道编码由四位数字组成，其中“碗”一类可以只看后面两位数，即只用一个编码，盘子和汤碗需要用到两个编码，颜色可以转化成特征性强的物品，记忆如下：

颜色	转化	收银编码	记忆
红色碗	火焰	0024	盒子起火
橙色碗	橘子	0046	水牛角上插两个橘子
白色碗	米饭	0011	筷子夹米饭
粉色碗	棉花糖	0061	蝼蚁在棉花糖里钻
深绿色碗	草坪	0007	草坪上铺凉席
浅绿色碗	抹茶蛋糕	0012	婴儿吃抹茶蛋糕弄花了脸
青色碗	青花瓷	0043	石山砸碎青花瓷
椭圆盘子	橄榄球（形）	0123	橄榄球丢进草丛中飞出来一个篮球
大圆盘子	圆盘	0133	圆盘当作飞盘，清理挡住视线的杂草后看到星星
方盘	立方体	0186	撕开立方体里面全是树叶，在树叶中找到包谷
白色汤碗	大碗	0321	大象鼻子转动大碗砸死鳄鱼
黄色汤碗	草帽（形）	0347	大象把草帽吸进鼻子再喷出，射中司机

利用记忆术快速记住，上手以后就不需要每次都通过画面回想了。

[3]旅游工作者记忆信息量大，这里以记忆西湖十景为例：苏堤春晓、曲院风荷、平湖秋月、断桥残雪、柳浪闻莺、花港观鱼、雷峰夕照、双峰插云、南屏晚钟、三潭印月

你的记忆：____

____

____

点评：这里的信息量不大，我们并不需要逐一按顺序来讲解，串联、数字锁链、记忆宫殿、定桩，几乎所有的记忆技巧都可以用来处理这个信息，但是我们不能漏掉一个，所以必须整体性记忆。串联对于初学者来说虽然简单但容易遗漏，所以选择定桩法来记忆最为妥当。还是用数字锁链来记忆，由于“西湖”的西字谐音7，所以就用71-80来记住这十处美景。先读熟这些词，然后将每个词的首字转化得到：苏堤春晓—书、曲院风荷—屈原、平湖秋月—瓶、断桥残雪—断桥、柳浪闻莺—柳树、花港观鱼—花、雷峰夕照—雷峰塔、双峰插云—双峰、南屏晚钟—篮子、三潭印月—沙滩。

记忆：书——用播放爱奇艺（71）视频的平板电脑拍打书；

屈原——屈原扛着旗儿（72）跳进江里；

瓶——鸡蛋（73）装进瓶子里；

断桥——骑士（74）在断桥上悬崖勒马；

柳树——西服（75）挂在柳树上随风摆动；

花——一边甩花瓣一边吃鸡肉（76）；

雷峰塔——雷峰塔镇压了一群企鹅（77-QQ）；

双峰——两个山峰顶上扣着两个巨大的西瓜（78）；

篮子——篮子挂上气球（79）飘起来；

沙滩——在沙滩上堆起巴黎铁塔（80）。

请尝试回忆西湖十景是____

____

[4]从事带国内游客到世界各国游玩的导游人员，我们称其为领队，领队工作地域性广，要求对各个国家的风土人情都要有所了解，下面以领队资格证考试的基本知识点——国家首都名称为例来尝试记忆。

欧洲（部分国家）					
国家	首都	国家	首都	国家	首都
波兰	华沙	列支敦士登	瓦杜兹	冰岛	雷克雅未克
瑞士	伯尔尼	安道尔	安道尔城	芬兰	赫尔辛基
瑞典	斯德哥尔摩	乌克兰	基辅	白俄罗斯	明克斯
荷兰	阿姆斯特丹	黑山	波德戈里察	马耳他	瓦莱塔
挪威	奥斯陆	保加利亚	索非亚	匈牙利	布达佩斯

点评：国家首都名称的记忆难点在于转化，第一，部分国家的首都名称没有听说过，没有音节信息的帮助，所以是完全陌生的信息，不能简单地只对首字处理，需要全部转化；第二，有的国家名称外文音译读起来拗口或是较长，转化得不好就容易还原失败。在工作中我们需要说到某个国家便立即想起它对应的首都，所以这里并不需要定桩，需要的是合适的转化和国家名与首都名称之间相互的连接。转化如下：

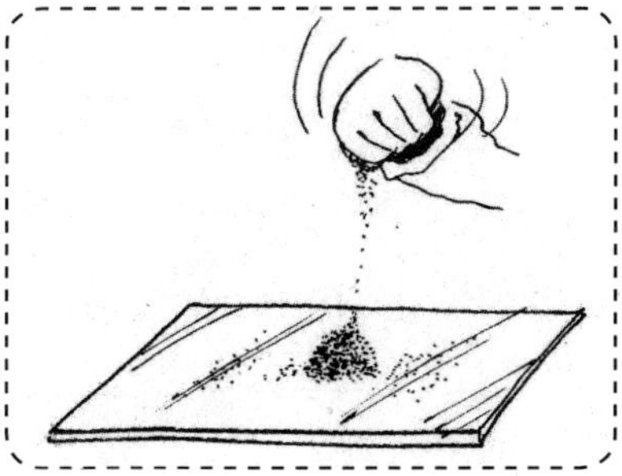

波兰——蓝色玻璃（谐音）

华沙——画沙（谐音）

记忆：在蓝色的玻璃上用沙画画

瑞士——手表（发散）

伯尔尼——剥二梨（谐音）

记忆：用手表的金属表带剥了两个梨

瑞典——诺贝尔奖（发散）

斯德哥尔摩——撕德哥耳膜（谐音）

记忆：拿到诺贝尔奖杯就发疯了，撕掉了叫德哥的人的耳膜

荷兰——郁金香（发散）

阿姆斯特丹——按摩实体店（谐音）

记忆：要看郁金香必须到按摩实体店才行

挪威——森林（由名著《挪威的森林》发散）

奥斯陆——咬死鹿（谐音）

记忆：在森林里咬死了鹿

列支敦士登——荔枝炖十吨（谐音）

瓦杜兹——挖肚子（谐音）

记忆：荔枝炖了十吨，在旁边为解馋就挖肚子等待

安道尔——暗道儿（谐音）

安道尔城——暗道儿（谐音）

记忆：暗道儿里还有暗道儿

乌克兰——乌鸦（国家名字熟悉，只需要处理首字）

基辅——鸡脯（谐音）

记忆：乌鸦啄食鸡脯肉

黑山——黑色的山（直接转化）

波德戈里察——玻的缸你擦（谐音）

记忆：黑色的山里藏有一个玻璃的缸，那个缸你来擦

保加利亚——煲家里鸭（谐音）

索菲亚——双飞燕（谐音）

记忆：打算煲家里的鸭的时候飞来两只双飞燕，于是就炖了它们。

请你来尝试：

冰岛——

雷克雅未克——

你的记忆：

芬兰——

赫尔辛基——

你的记忆：

白俄罗斯——

明斯克——

你的记忆：

马耳他——

瓦莱塔——

你的记忆：

匈牙利——

布拉佩斯——

你的记忆：

[5]家具销售人员需要熟知每一款家具的细节设计、功能、尺寸等，熟记基本信息在接待客户的时候才能得到信任、完成销售任务，这里以几款家具的规格为例，尝试记忆。

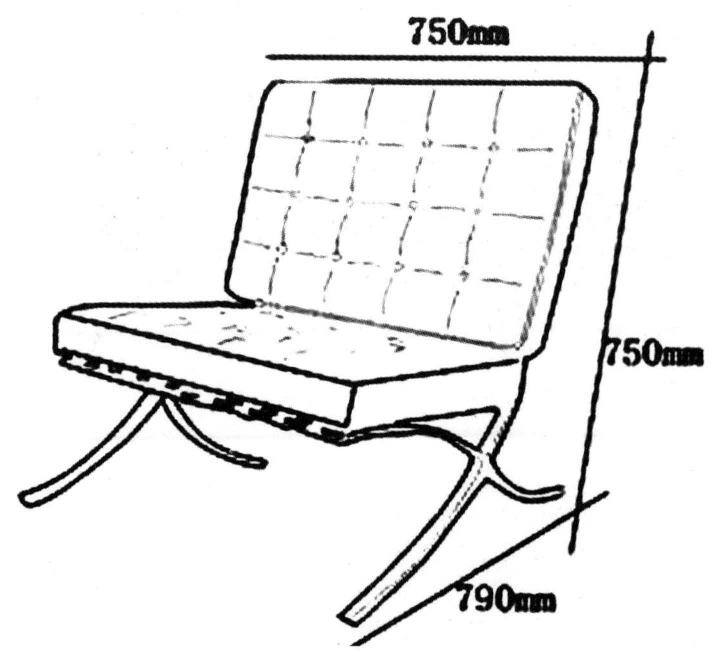

点评：同样是椅子，但是材质和款式会有所不同，因此区别每一款椅子的尺寸应该充分抓住材质和形状的特点来记忆。上图是现代风格的单人椅，将尺寸去掉末尾的“0”，用三个编码就可以记住它的长宽高。

记忆：这款椅子的靠背像豆腐块，高和宽是相同的尺寸75cm，因此想象横着放了一件西服在靠背上后，又挂了一件西服在靠背上，西服一直拖到了地面；椅子的脚像夹子，因此想象79cm即数字编码气球卡在脚的三角形部分，托着椅子在飘。

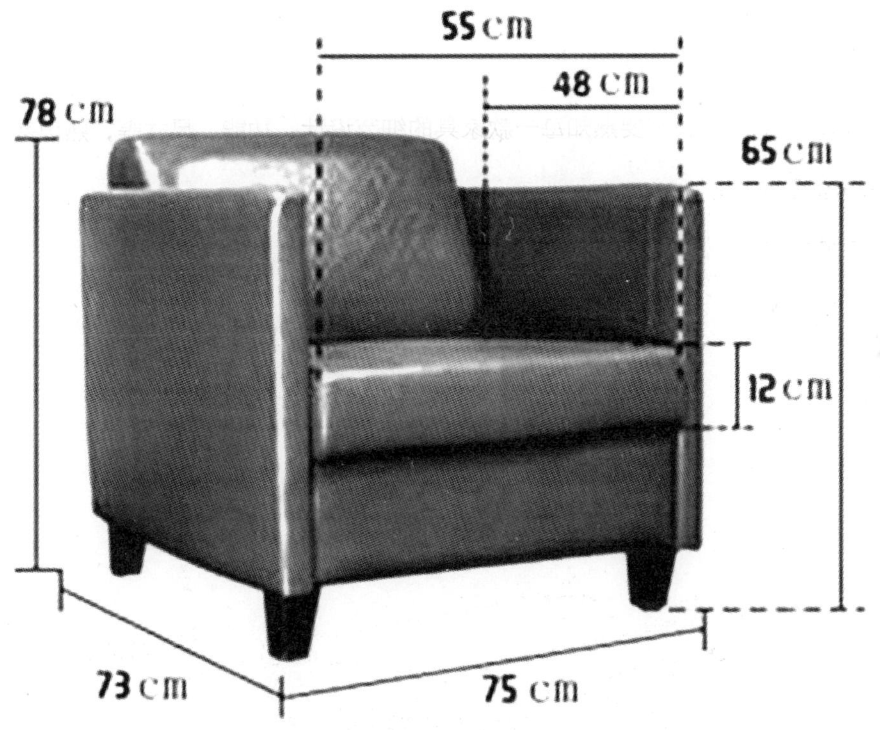

这款沙发是皮质的，因此应该重点抓住皮质这个特征，然后再与数字编码连接。

记忆：总高度78cm想象为整个沙发刚好可以装进一个大西瓜；长75cm想象

为在沙发正面围上一件西服来保护皮沙发，西服被绷得很紧；宽度73cm想象为沙发的两边砸过来很多鸡蛋，顺着皮料蛋清蛋黄都在往下流；坐垫厚度12cm想象为坐垫里藏了一个婴儿；坐宽55cm想象为坐上去后抱着一只狗；座深48cm想象为屁股靠近靠背的部分被糍粑黏住了，想站却站不起来；最后，扶手高度65cm想象为坐在沙发上摸一只乖乖的老虎。

这款木质鞋柜在连接的时候可以融入声音，想象木料嘎吱嘎吱的声响可以提高记忆的准确度。

记忆：长60cm想象为抱着鞋柜用底部去压榴莲，榴莲的刺都扎进了鞋柜底部；深度31.5cm可以变成3150，即用鲨鱼、舞林两个数字编码来记忆，想象鲨鱼吸附在鞋柜侧面，一边随着节奏跳着霹雳舞一边往上挪动；高度90cm想象为一个酒瓶从鞋柜上部的边缘掉下来砸碎了；隔板与隔板之间的距离17cm可以想象为每个隔板间可以藏进仪器并塞得满满的。

[6]挑战记忆世界最长地名，它地属英国，是威尔士安格尔西岛的一个村庄，坐落于梅奈海峡上，是英国官方承认最长的地名，也是世界上的长地名之一。

Llanfairpwllgwyngyllgogerychwyrndrobwllllantysiliogogogoch

点评：我们在工作和生活中很少遇到类似这样的记忆，这样的记忆表演性很强，但记住的实际意义可能并不大，如果需要记忆，那么首先应该知道难点在于字母之间的排序，记错排序或者漏掉某个部分都会导致记忆失败。这里的信息又特别的长，一共由58个英文字母组成，因此我们应该选用记忆排序最可靠的方法，那就是记忆宫殿。通过前几章的学习知道，每个人记忆宫殿的物品和顺序都不一样，你可以尝试用此时此刻所在地点的物品来记忆。另外，我们不必一个一个地转化字母，可以把两个或者三个字母看成一组灵活处理。在此为大家提供一组英文字母的转化作为参考，你可以把它固定下来像数字锁链一样当作英文编码，这样不仅多了一个英文链条的大脑工具，同时也可以将其用于英语单词的记忆。

A	B	C	D	E	F	G
金字塔	baby车	月亮	盾牌	梳子	佛	弓箭
H	I	J	K	L	M	N
床	蜡烛	钩子	机枪	狼	蚂蚱	磁铁
O	P	Q	Rt	S	T	U
花圈	瓶子	QQ糖	小草（r）	超人	电钻	悠悠球
V	W	X	Y	Z		
钉子	獠牙	十字架	弹弓	闪电		

转化：L—狼、lan—兰、fa—发、i—蜡烛、r—小草、p—瓶子、w—獠牙、ll—筷子、g—弓箭、w—獠牙、y—弹弓、n—磁铁、g—弓箭、y—弹弓、ll—筷子、go—走、ge—鸽、r—小草、y—弹弓、c—月亮、hw—花纹、yr—羊肉、nd—牛顿、r—小草、o—花圈、b—婴儿车、w—獠牙、ll—筷子、ll—筷子、ant—蚂蚁、y—弹弓、si—撕、li—梨、o—花圈、gogogo—走走走、ch—吃喝

尝试记忆：____。

[7]中医药学的考试需要记忆海量的药学知识，比如各种中药的功效等，这相当于大学外语专业的同学必须每天背海量单词，但是中药功效近似度高，内容相互穿插，记了一天第二天就忘了是常有的事情。如何科学地运用记忆术将这些信息记住呢？先以有理气止痛功效的16种中药为例来尝试记忆。

香附、木香、佛手、九里香、乌药、茴香、香橼皮、甘松、九香虫、苏梗、姜黄、郁金、柴胡、橘核、荔枝核、砂仁

点评：庞大系统性的知识同样需要系统的科学记忆方法来处理，运用记忆术处理这类信息最能体现出记忆术的优势。记忆海量的中药名称和对应的功效就像记住一本字典一样，它需要索引，有了索引我们在回忆寻找的时候才能有条不紊、有章可循，为了建立整体的信息记忆的系统，运用记忆宫殿是最有效的办法。比如按“甘、酸、苦、咸”的味觉建立4个记忆宫殿，“大黄”味苦，就把大黄放到“苦”的宫殿当中，当然，打造宫殿是前期准备工作，宫殿也要足够大才行。同样，也可以按“解表药、清热药、泻下药、祛风湿药、化湿药、利水渗湿药、温里药、理气药、消食药、驱虫药、止血药、活血化瘀药、化痰止咳平喘药、安神药、平肝息风药、开窍药、补虚药、收涩药、攻毒杀虫止痒药、拔毒化腐生肌药”这20个中药功效来区分建立20个记忆宫殿。所谓磨刀不误砍柴工，当你建立好了20个记忆宫殿，你会发现，不论是中药理论

学习还是各种药名的记忆，你学习的效率都会提高数十倍，记忆也会变得十分轻松，回忆也变得清晰容易。在此，我们仅以“理气止痛”为主题建立记忆宫殿，把上述的十六味药“装入”宫殿进行示范性说明。

首先将重要名称进行转化，需要注意的是，我们转化的目的是将抽象名词变成有形状或者特征的物品，但是这里的每一味中药本身都是有具体形状的，所以，对于专业学习中医的人而言，应该将中药名称与实物对照记忆，有了对实物形状的印象后就可以直接用形状特征和记忆宫殿连接记忆了。而对于非医药专业的读者而言，我们还需要将不熟悉的中药名词转化成我们熟知的事物，因此，通过转化得到：香附–享福、木香–木头大象、佛手–佛手、九里香–酒里香、乌药–颜色发乌的药、茴香–茴香（调味料）、香橼皮–许愿瓶、甘松–干枯的松果、九香虫–酒香虫、苏梗–树根、姜黄–姜的黄色部分、郁金–郁金香、柴胡–彩色的壶、橘核–橘子核、荔枝核–荔枝核、砂仁–杀人。

采用记忆宫殿的方法，我们统一用下面房间的顺序来记忆：①凳子，②抽屉，③窗帘，④花盆，⑤台灯，⑥窗户，⑦吊灯，⑧书架，⑨枕头，⑩床底。共16味中药，我们一个地点放两个物品，因此只需要用前8个地点就可以完成记忆。

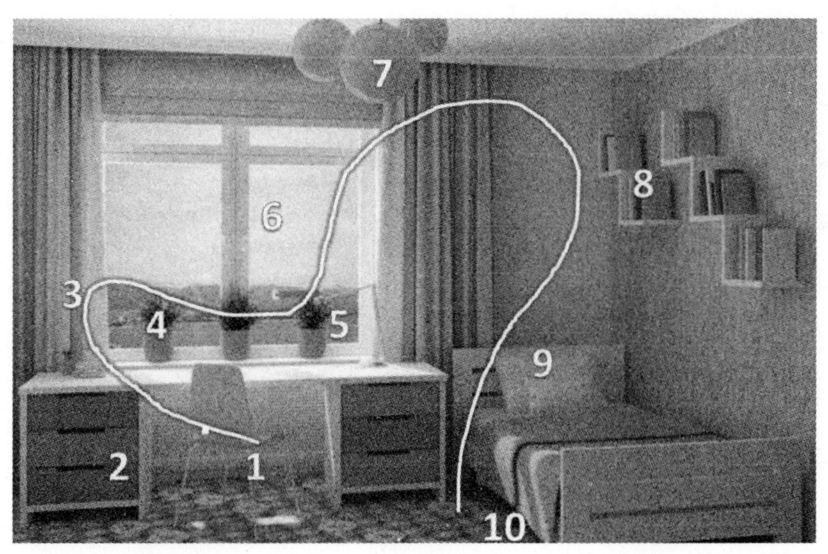

①凳子——香附（享福）+木香（木头大象）

记忆：坐在凳子上享福，把玩着木头大象。

②抽屉——佛手（佛手）+九里香（酒里香）

记忆：抽屉被一双佛手推开，佛手拿着一瓶酒，酒发出浓浓的香味。

③窗帘——乌药（颜色发乌的药）+茴香（茴香）

记忆：窗帘被乌黑的药染了颜色，包上茴香搓就可以洗掉。

④花盆——香橼皮（许愿瓶）+甘松（干枯的松果）

记忆：花盆里插入许愿瓶，瓶子里有一些干枯的松果。

⑤台灯——九香虫（酒香虫）+苏梗（树根）

记忆：台灯照射酒香虫，越照越发出香味，虫开始长出根部，无数树根和台灯连在了一起。

⑥窗户——姜黄（姜的黄色部分）+郁金（郁金香）

记忆：把姜切片用黄色的部分涂抹窗户，打开窗户看到郁金香。

⑦吊灯——柴胡（彩色的壶）+橘核（橘子核）

你的记忆：

⑧书架——荔枝核（荔枝核）+砂仁（杀人）

你的记忆：

请尝试回答，有理气止痛功效的中药有：________________________________

____

[8]银行贷款业务人员的业务水平高低体现在能否记住自己受理客户的贷款额度、到期日期等，下面以几位客户的信息为例来尝试记忆（均为化名）。

客户1——姓名：薛松　　贷款额度：35万　　还款日期：2018.12.10

客户2——姓名：刘源　　贷款额度：109万　　还款日期：2018.4.5

客户3——姓名：朱翔　贷款额度：25万　还款日期：2017.3.3

客户4——姓名：李毅　贷款额度：327万　还款日期：2018.7.30

客户5——姓名：范伍　贷款额度：74万　还款日期：2017.11.11

客户6——姓名：罗欣　贷款额度：42万　还款日期：2016.12.21

客户7——姓名：陈果　贷款额度：214万　还款日期：2018.6.13

客户8——姓名：马雷　贷款额度：12万　还款日期：2016.10.8

客户9——姓名：戴明　贷款额度：79万　还款日期：2015.11.9

点评：分析记忆内容可以看出，我们需要将每一位客户的贷款额度、还款日期和名字锁定，而且客户可能还会增加，如果使用单一的串联式连接记忆，效果并不理想。我们可以使用记忆宫殿，某一串就代表某一位客户的信息，这样既不容易出错，回忆起来也会很快。为了记忆的统一性，我们临时建立一个记忆宫殿。如果名字信息放一个地点，贷款额度放一个地点，还款日期放一个地点，那么一个客户就是3个地点，9位客户就需要一个有27个“桩”的宫殿，当然我们可以做更多的“桩”备用，以便记忆后面增加的客户。

①门→②地砖→③植物→④沙发扶手→⑤沙发→⑥台灯→⑦砖墙→⑧装饰画→⑨窗帘→⑩凳子→⑪落地窗→⑫木地板→⑬茶几→⑭小花瓶→⑮吊灯

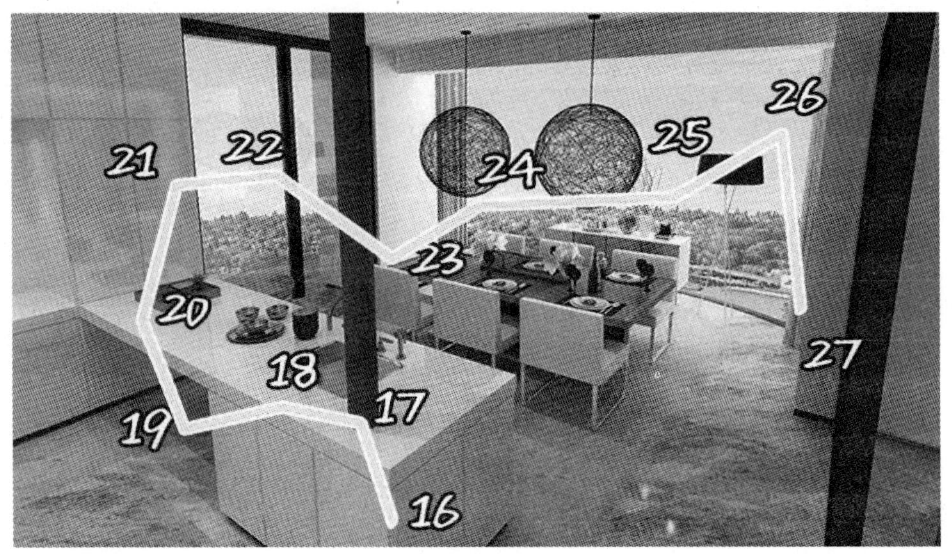

⑯灶台座→⑰金属柱子→⑱洗碗池→⑲台面下→⑳台面→㉑柜子→ ㉒玻璃→㉓餐桌→㉔圆灯→㉕落地灯→㉖玻璃窗外的天空→㉗金属框架

熟悉整个宫殿的地点桩以后我们分段记忆，请注意：每一组的第一个桩只连接了客户姓名1个信息；第二个桩根据贷款额度可以放2个信息；第三个桩放日期信息，需要用到3个编码表示，因此放3个信息。3个桩一组连起来表示一位客户的全部信息，记忆过程如下：

①门：薛松（装满松果的靴子）——②地砖：35万（编码35—珊瑚）——③植物：2018.12.10（编码18—牙刷、12—婴儿、10—蛇）

记忆：门夹着靴子，靴子装满松果；地砖上长出珊瑚；牙刷刷植物瓶，婴儿睡在植物上哇哇大哭，因为蛇缠住了婴儿；

④沙发扶手：刘源（牛丸）——⑤沙发：109万（编码01—绿叶、09—泥鳅）——⑥台灯：2018.4.5（编码18—牙刷、04—零食、05—灵符）

记忆：沙发扶手抠出牛丸；沙发铺满绿叶，倒上泥鳅，泥鳅在挣扎；牙刷刷台灯的布料，把零食放到灯上烤，膨化食品烤爆，炸出一些灵符；

⑦砖墙：朱翔（长翅膀的猪）——⑧装饰画：25万（编码25—二胡）——⑨窗帘：2017.3.3（编码17—仪器、03—大象、03—大象）

记忆：砖墙倒塌飞出长翅膀的猪；把二胡当作锤子敲打装饰画；窗帘背后藏着仪器，仪器里塞了两只大象；

⑩凳子：李毅（鲤鱼）——⑪落地窗：327万（编码03—大象、27—耳机）——⑫木地板：2018.7.30（编码18—牙刷、07—凉席、30—少林）

记忆：凳子上一只鲤鱼在享受；落地窗被大象鼻子打碎，用耳机线捆住大象阻止它；牙刷把木地板刷得很亮，铺上凉席请少林和尚在上面打坐；

⑬茶几：范伍（饭碗）——⑭小花瓶：74万（编码74—骑士）——⑮吊灯：2017.11.11（编码17—仪器、11—筷子、11—筷子）

记忆：茶几上放了很多饭碗；骑士用长枪刺破小花瓶；吊灯上挂了个仪器，仪器打开，哗啦哗啦落下很多筷子；

⑯灶台座：罗欣（螺蛳）——⑰金属柱子：42万（编码42—石猴）——⑱洗碗池：2016.12.21（编码16—石榴、12—婴儿、21—鳄鱼）

记忆：螺蛳爬满了灶台座；石猴在金属柱子上摆动；洗碗池里洗石榴，婴儿过来抢走石榴，骑着鳄鱼走了；

⑲台面下：陈果（果实橙子）——⑳台面：214万（编码02—梨儿、14—钥匙）——㉑柜子：2018.6.13（编码18—牙刷、06—琉璃、13—衣裳）

记忆：台面下放了一筐橙子，橘黄色很刺眼；冰糖雪梨像喷泉一样从台面上喷出来，用钥匙堵住台面的小孔；用牙刷把柜子刷得光亮，柜子突然打开，掉出很多琉璃珠，用衣裳接住；

㉒玻璃：马雷（浑身放电的马）——㉓餐桌：12万（编码12—婴儿）——㉔圆灯：2016.10.8（编码16—石榴、10—蛇、08—泥巴）

记忆：放电的马撞上了玻璃；餐桌上躺着赤裸的婴儿哇哇大哭；圆灯里放满了石榴，蛇缠绕在灯网上想吃石榴，用泥巴包住蛇；

㉕落地灯：戴明（发光的袋子）——㉖玻璃窗外的天空：79万（编码79—气球）——㉗金属框架：2015.4.9（编码15—衣服、11—筷子、09—泥鳅）

记忆：落地灯上罩了一个可以自然发光的口袋；外面的天空很多气球在飘；用衣服裹住金属框架加温，用筷子刺穿衣服插在框架上，筷子上串上泥鳅。

请尝试还原：

客户1——姓名：__________贷款额度：　万　还款日期：

客户2——姓名：__________贷款额度：　万　还款日期：

客户3——姓名：__________贷款额度：　万　还款日期：

客户4——姓名：__________贷款额度：　万　还款日期：

客户5——姓名：__________贷款额度：　万　还款日期：

客户6——姓名：__________贷款额度：　万　还款日期：

客户7——姓名：__________贷款额度：　万　还款日期：

客户8——姓名：__________贷款额度：　万　还款日期：

客户9——姓名：__________贷款额度：　万　还款日期：

在上面的记忆当中，既有信息与宫殿之间的定桩，也有记忆日期信息编码时3个编码之间的串联，利用记忆宫殿庞大、有条不紊的记忆系统记忆此类信息是比较有效的方法，优势在于回忆时思路清晰，信息整体化强。我们可以根据需要回忆信息所在的地点而不用回忆其他无关的地点，比如说到客户朱翔，就想到长翅膀的猪，自然想到了猪从砖墙里飞出来，接着后面相邻的两个地点分别是用二胡打装饰画，那么就是借款25万元和下一个桩的窗帘，窗帘后面放了仪器，里面锁了两只大象，因此就是17、03、03这3个信息，这样客户朱翔的一组信息通过对3个地点的回忆也就记起来了。当然，这也需要对转化、动态、连接这三者灵活运用。

[9]打计程车的时候我们有时会遇到一些不熟悉道路的司机，司机和自己都不识路，拿着手机导航看半天结果还是找错了地方。作为一个大中型城市的出租车司机，记住绝大部分街道、商场、小区的名称应该是基本的职业素养，在此，我们以记忆成都市内景点地图以及几条街道名称为例来尝试记忆。

点评：由于篇幅有限，我们以局部地区为例，地理位置的记忆应该优先选择当地比较有名的景点、商场、酒店、学校、街道等地点作为参照物，然后再以参照物为中心向四周发散记忆街道的名称。在此和大家分享一种快速又印象深刻的位置记忆方法，那就是活用数字工具！

首先，我们应该在大脑中建立一幅该区域的地图，然后利用数字工具，按顺时针的顺序先将地图粗略地划分为1、2、3、4，4个区域，地图就自然变成了东北角-01-绿叶；东南角-02-梨儿；西南角-03-大象；西北角-04-零食。想象每一个数字工具都是横着放在地图上占领着那一块区域，再将大的参照物与数字工具连接起来。比如01区域叶子的左上角是“文殊院”，就想象叶子垫在文殊菩萨佛像的右下角，你用力拖动叶子却不小心撕烂了叶子，这样“文殊院”的大概方向就已经有了，即东北区域的左上方（叶子左上方）。记道路的时候，比如文殊院的南面有“文武路”、东面有“草市街”等，也可以用类似的方法记忆，想象文殊菩萨佛像下有两个人在斗文斗武，用草茶洗佛像的右边，擦洗得光滑发亮等。

首先记住大方向和参照物的位置，其次用参照物记忆具体道路，然后再层层往下细分，发散是地名记忆的主要技巧。当然，我们也可以根据自己的需要选择性地专门记一些生疏、生僻的街道或者小区名称，大的街道就完全靠自然的方位感来判断就行了。不管是利用数字工具辅助，还是几乎全靠图形联想来记忆，总而言之，“灵活”才是记忆永恒不变的主题。

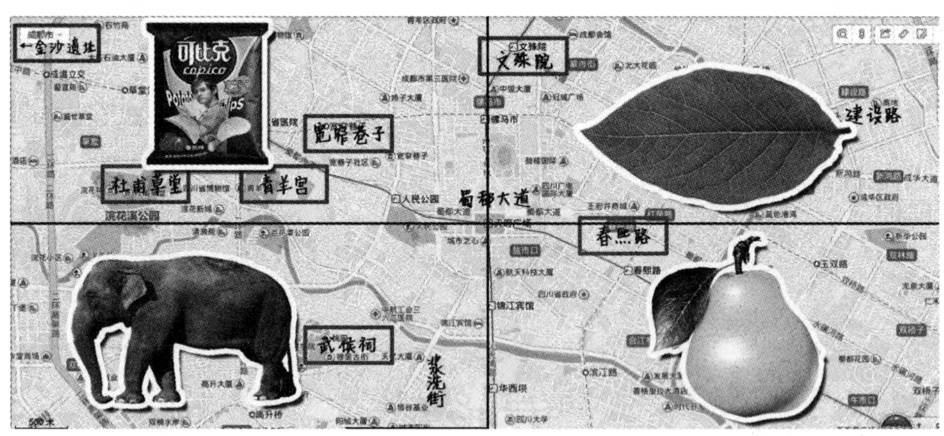

东南区域-02-梨儿“春熙路”可以记为：春风从梨的左上角刮来，所以梨左上角先长了叶子；西南区域-03-大象“武侯祠”可以记为：大象屁股拉出了诸葛亮的扇子；西北区域-04-零食“杜甫草堂”“青羊宫”“宽窄巷子”等可以记

为：杜甫托着零食写诗，青羊戳破一包零食挂在羊角上，把零食使劲儿往右边一个宽窄夹缝里塞等，最后再把主要的街道记住，相信整个城市的地图就已经装在脑子里了。需要注意的是，我们不能用这样的联想来完全代替熟能生巧的条件反射，但是这样的方法能让你在对城市完全陌生的情况下快速高效地记住它，这样你才有更多的时间对信息进行消化。

第三节　生活类

生活方面的信息记忆与考试类和职场类相比，不那么具有强制性，它的特点是更具有兴趣性，说简单点就是可记可不记。生活类信息类型多样、分散，但是很少有必要用到类似记忆宫殿的系统定桩方法，这类信息大多数也是对实物的记忆，因此并不需要太多的转化。**对于这类信息的记忆，更多的是把联想作为一种锻炼大脑的手段，以游戏的心态笑对枯燥的记忆，让右脑图像思维成为记忆习惯。**

[1]生活中每个人都有必要掌握一些急救常识，以心肺复苏急救措施为例，我国每年心脏猝死的人数超过50万。心脏一旦骤停，在4分钟内开始心肺复苏急救，存活率为50%，如果错过最佳抢救时间，即使有幸生还，脑细胞也会遭到不可逆性的损害。心肺复苏步骤为：1. 呼叫病人，判断其是否有意识并拨打120；2. 双手叠扣，垂直按压双乳连线的中间点，以每分钟大于100次的频率按压30次；3. 检查口鼻异物及呼吸，抬下颚，捏住鼻子对嘴吹气2次，每30次按压接着2次人工呼吸循环进行，直到抢救成功。

点评：急救的3个步骤可以理解为：1. 判断意识并打120；2. 以大于每分钟100次的频率按压30次；3. 人工呼吸吹气2次。我们可以在大脑中想象一个人在自己身边倒下以后失去了意识，你马上拨打了电话并亲自参与了急救的过程，联想的时候融入细节是关键，细节会带领你的五感参与到记忆当中，让你有身临其境的感觉。

需要注意的是按压的频率和次数，我们不必每个地方都使用数字编码，比如“每分钟大于100次的频率”这一点，我们完全可以想象为按压的时候垫了一张100元的钞票，而“每按压30次吹气2次”这一点，我们可以想象按的是一个少林寺的僧人（编码30—少林），吹了2次气就是嘴对嘴喂梨吃（编码02—梨儿）。试想，如果我们学会了各种记忆方法，但是却用得很死板，那和原来比并没有太大的区别，只是换成了用另一半大脑死记罢了。在这里，我们将“100”处理成了百元钞票，“30”和“2次”用了数字编码，整个步骤仅仅做了画面的联想，这就体现了记忆的灵活性。

[2]二十四节气能反映季节的变化，指导农事活动，自秦汉开始就影响着我们的衣食住行，是古代汉族劳动人民长期经验的积累和智慧的结晶，也是宝贵的非物质文化遗产。每一个节气各个地方都有不同的风俗习惯，比如说到“清明”我们会祭扫坟墓，说到“冬至”有的地方会吃面，有的地方会有吃羊肉的习惯等。作为一种生活常识，我们应该记住二十四节气。开始记忆以前我们应该知道，每一个月的5日前后称为“节”，20日前后称为“气”，但每一年准确的日期应该以万年历为准，由于前后误差都不会超过3天，因此我们按照“节”为5日，“气”为20日来记忆，节和气加起来即一年有24个。

一月的节和气：小寒·大寒　　二月的节和气：立春·雨水

三月的节和气：惊蛰·春分　　四月的节和气：清明·谷雨

五月的节和气：立夏·小满　　六月的节和气：芒种·夏至

七月的节和气：小暑·大暑　　八月的节和气：立秋·处暑

九月的节和气：白露·秋分　　十月的节和气：寒露·霜降

十一月的节和气：立冬·小雪　十二月的节和气：大雪·冬至

点评：由于节气的名称必须和月份挂钩，而月份又是数字，因此对于二十四节气最合适的记忆方法应该是使用数字编码工具，直接选用01～12是最合适的，但有可能我们已经用它们记了十二星座、生肖或者其他一些对你而言比较重要的信息。为了不混淆，我们可以选择用31～42来记忆，或者数字锁链的其他部分等。

首先读熟发音，然后通过转化后每一个月的节气变成两个有形状的物品，两个物品一前一后和数字工具连接，前者为“节”，后者为“气”，记忆如下：

一月（01—绿叶）：小寒（小孩）·大寒（大海）

记忆：叶子裹住小孩扔进了大海；

二月（02—梨儿）：立春（李宇春）·雨水（雨水）

记忆：李宇春一边唱歌一边吃梨，吃着吃着演唱会下起了大雨；

三月（03—大象）：惊蛰（镜子）·春分（吹风）

记忆：大象鼻子戳破了镜子后对着里面吹风；

四月（04—零食）：清明（扫墓用的扫把）·谷雨（鳜鱼）

记忆：零食撒一地，用扫把打扫，扫出一堆鳜鱼；

五月（05—灵符）：立夏（龙虾）·小满（小面）

记忆：拿着灵符跳完大神，吃了一碗龙虾小面；

六月（06—琉璃）：芒种（芒果）·夏至（箱子）

记忆：琉璃挤压芒果，芒果流出的果汁用箱子来接；

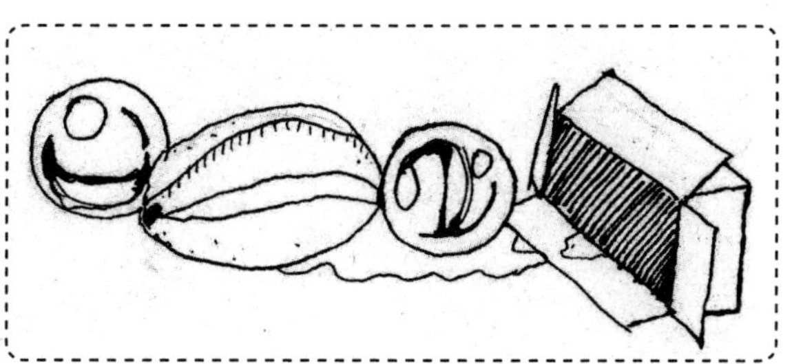

七月（07—凉席）：小暑（小老鼠）·大暑（大老鼠）

记忆：打开卷起的凉席里面蹿出来一只小老鼠，后来又蹿出来一只大老鼠；

八月（08—泥巴）：立秋（绿球）·处暑（厨神）

记忆：泥巴地里挖出一个绿球，厨神把绿球爆炒成菜；

九月（09—泥鳅）：白露（白鹭）·秋分（囚犯）

记忆：泥鳅被白鹭叼走，囚犯奋力追赶；

十月（10—蛇）：寒露（呼噜）·霜降（锁匠）

记忆：蛇冬眠打呼噜，开锁匠来锁住了蛇的嘴；

十一月（11—筷子）：立冬（绿豆）·小雪（鲜血）

记忆：筷子把绿豆戳出了鲜血；

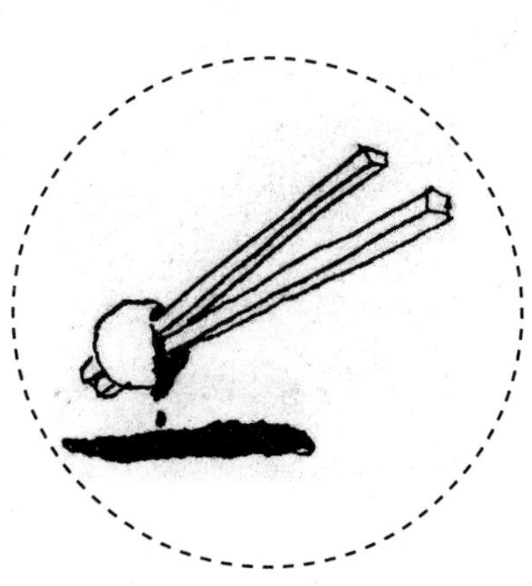

十二月（12—婴儿）：大雪（大雪）·冬至（肚子）

记忆：大雪纷飞飘落在婴儿的肚子上，积了厚厚的雪。

请回忆，二十四节气分别是：

一月的节和气：__________二月的节和气：__________

三月的节和气：__________四月的节和气：__________

五月的节和气：__________六月的节和气：__________

七月的节和气：__________八月的节和气：__________

九月的节和气：__________十月的节和气：__________

十一月的节和气：________十二月的节和气：________

[3]在玩一些记忆力游戏的时候，通常要求我们在规定的时间里记住几个词、物品、水果或者动物等。现在你已经掌握了各种记忆技巧，但是同类型的物品记忆会稍稍有一点难度，我们以水果为例做一个记忆力小游戏，请在2分钟内按顺序记住以下水果的名称。

苹果、橘子、葡萄、火龙果、荔枝、山楂、梨、西瓜、菠萝、甘蔗、猕猴桃、香蕉、山竹、柿子、桂圆、桃子、小番茄、樱桃、草莓、哈密瓜

请回忆上面的内容：____

____

点评：相信这个记忆力测试对现在的你没有丝毫难度，不管是运用单纯的串联、数字锁链来记忆，还是运用记忆宫殿来记忆，动态连接的联想都不会花太多时间，难点在于将水果进行夸张的转化。由于都是水果，使用颜色和形状并不能很好地达到记忆效果，比如用记忆宫殿来完成这个记忆任务，联想用苹果砸到了门上，但是我们在回忆的时候会感觉特征不明显，搞不清楚到底是苹果还是梨砸到了门，或者是哈密瓜砸到了门，因为它们的形状大同小异，爆

开都有汁液，颜色也都差不多，这说明我们选取的特征不够明显。我们可以把苹果想象成牛顿，他用引力破坏了门；可以把橘子想象成剥开的橘子皮等，将物品的特征放大化是我们需要掌握的技巧。

苹果	牛顿、筷子兄弟、白雪公主	**橘子**	剥开的皮、太阳（同色）
葡萄	葡萄酒、酒杯	**火龙果**	龙、火焰
荔枝	杨贵妃、比被子还厚的荔枝肉	**山楂**	糖葫芦、黏糊糊的糖人
梨	冰糖雪梨汁、止咳糖浆	**西瓜**	切好的西瓜、脆皮西瓜
菠萝	坚硬的刺、巨大的刺	**甘蔗**	白糖、棍棒
猕猴桃	毛刺、土豆条（与土豆形似）	**香蕉**	大猩猩、香蕉皮
山竹	山猪、竹子	**柿子**	饼状武器、柿饼上的白霜粉末
桂圆	干桂圆壳、龙的眼睛	**桃子**	猴子、桃馒头、屁股
小番茄	炒蛋、辣椒（形似）	**樱桃**	樱桃小丸子
草莓	地雷、粉色奶昔	**哈密瓜**	新疆人、橄榄球

请将下面物品的特征放大转化成其他物品

李子		**杨梅**	
白菜		**菠菜**	
芹菜		**青椒**	

[4]行万里路，读万卷书，每一个人都有一个周游世界的梦想，这个梦想应该从祖国大地开始。中国地大物博，不仅拥有无数让人神往的自然景观，而且五千

年的灿烂文明也留下了无数伟大的文化遗产。中国的世界遗产数量仅次于意大利（50项），位居世界第二，截至2015年中国共有48项世界遗产，其中自然遗产10项，文化与自然双重遗产4项，文化遗产34项（包括文化景观遗产4项）。在此以14处自然遗产和自然文化双遗产为例，让我们来尝试记忆。

世界文化与自然双遗产	
泰山	黄山
峨眉山和乐山大佛	武夷山
世界自然遗产	
武陵源风景名胜区	九寨沟风景名胜区
黄龙风景名胜区	三江并流
三清山风景名胜区	四川卧龙熊猫保护基地
中国南方喀斯特	中国丹霞
澄江帽天山化石地	新疆天山

点评：旅行是每个人都有的一种情怀，走出去才能看清世界，才能看清自己。世界自然遗产是联合国教科文组织公认的具有保护和欣赏价值的景观，我们可以用数字工具整体性记忆，也可以通过打造一个专属世界遗产的记忆宫殿来记忆。这里的大部分景区名称我们已经耳熟能详，因此，可以用串联的方法想象自己在各个美景当中流连的场景，代入自己所有的感官，用肌肤感受瀑布的雾珠、用耳朵仔细聆听鸟儿的歌唱、用鼻子深呼吸森林的清爽等。

不管先后顺序，我们可以这样记忆：黄色的山上（黄山）住着一只黄龙（黄龙），黄龙嘴里含着红色仙丹（丹霞），你戴好安全帽（帽天山）骑上黄龙穿过三条江（三江并流），最后来到了泰山封禅台（泰山）并遇见了武媚娘（武夷山）。武媚娘披着一身黑白色的熊猫皮大衣（卧龙熊猫保护基地），喝着五粮液（谐音：武陵源），吃着羊肉串（新疆天山）。你扶着微醉的武媚娘下山，途中遇见个道士（道教三清发散联想：三清山），道士悄悄告诉你让你把武媚娘带到一个有九个山寨的地方（九寨沟）掐死她（喀斯特），这样就能立地成佛（峨眉山乐山大佛）。

请尝试回忆中国的14处世界遗产（包含4处双遗产）：

____

____

____

____

[5]养生观念越来越深入人心，健康才是金钱买不来的最宝贵的财富。研究表明，弱酸性体质的人患慢性疾病的概率更高，所以弱碱性食物更有助于人体的健康。这里以生活中的酸碱性食物为例来尝试记忆：

弱酸性食物：鸡肉、牛肉、鸭肉、蛋类、鱼、虾、面粉、大米、花生、啤酒等；

弱碱性食物：豆腐、菠菜、海带、西瓜、莲藕、土豆、香蕉、牛奶、萝卜、洋葱等；

你的记忆：________________________________

____

____

____。

点评：为了将两者更好地区别记忆，这里采用物品定桩记忆的方法比较有效。说到酸性联想到酸雨侵蚀了树林，于是用树木来记忆酸性食物；说到碱性想到弱碱性的水，喝水要用到饮水机，因此用饮水机来记忆碱性食物。这里都是具体的物品，因此不需要再转化，只需要将记忆内容连接在物品上，记忆10个物品我们可以选择5个桩，按由下到上的顺序在大树上选择：1.树根；2.树干；3.树洞；4.树杈；5.树叶；在饮水机上同样由下到上选择为：1.插头；2.水杯箱；3.水龙头；4.水桶；5.水桶顶。

记忆如下：

弱酸性食物

1.树根——公鸡被树根缠住，一只牛看到红色鸡冠愤怒地冲了过来；

2.树干——鸭子撞上树干掉出了鸭蛋；

3.树洞——树洞里有很多小鱼在吃小虾；

4.树杈——树杈上电饭锅里放了很多馒头；

5.树叶——树叶卷起花生倒进啤酒。

弱碱性食物

1.插头——插头插进豆腐拔出来很多菠菜；

2.水杯箱——海带当帘子挡住箱子，打开箱子盖流出红色西瓜汁；

3.水龙头——水龙头出水冲洗土豆，洗干净的土豆长出了莲藕；

4.水桶——水桶里装着白色的香蕉牛奶；

5.水桶顶——水桶顶部长着萝卜，拔出萝卜发出刺鼻的洋葱味，熏得眼睛流下眼泪。

[6]记忆二十部世界名著

《傲慢与偏见》	《悲惨世界》	《红与黑》	《巴黎圣母院》
《爱的教育》	《呼啸山庄》	《飘》	《安娜·卡列尼娜》

《战争与和平》	《安徒生童话》	《汤姆叔叔的小屋》	《钢铁是怎样炼成的》
《罪与罚》	《基督山伯爵》	《复活》	《三个火枪手》
《格林童话》	《一千零一夜》	《简·爱》	《小王子》

点评：我们几乎已经可以用任何一种记忆技巧将这二十部名著记住，在这里我们尝试用人物定桩的方法记忆上面的内容，只是这里使用的“人物”并不是人，而是十二生肖。假设每一个人都能轻松说出十二生肖是哪些动物，那么它对我们而言就是已知的信息，这套信息有十二个桩，我们要做的就是将需要记忆的信息转化，再把转化后的内容分别固定在这十二个桩上。如果一个桩固定两个信息，那么只需要用到十个桩就可以完成记忆。

记忆如下：

子——《傲慢与偏见》《悲惨世界》——骄傲的老鼠最后死得很悲惨；

丑——《红与黑》《巴黎圣母院》——红黑奶牛在圣母院里狂奔；

寅——《爱的教育》《呼啸山庄》——老虎背着书包在山庄里呼啸；

卯——《飘》《安娜·卡列尼娜》——兔子跳起来就飘在了空中，按捺不住内心的喜悦；

辰——《战争与和平》《安徒生童话》——飞龙在天结束了战争，人民过上了安居乐业的童话般的日子；

巳——《汤姆叔叔的小屋》《钢铁是怎样炼成的》——蛇被煮成汤也死不了，最后被倒进了钢铁炉；

午——《罪与罚》《基督山伯爵》——马负荆请罪爬上基督山；

未——《复活》《三个火枪手》——喜羊羊死了又复活了，拿起三把枪当了火枪手；

申——《格林童话》《一千零一夜》——猴子看《格林童话》入迷，看了一千零一个晚上；

酉——《简·爱》《小王子》——鸡也有了简单的爱情，爱上了小王子。

请回忆二十部世界名著：____

____

____。

[7]名字怎么记？这是我们日常生活中最常遇到的问题，名字记忆最大的问题就是转化，如何快速地将无意义的名字转化成有趣的图形，这就要看我们抓取特征的能力了。这里以转化练习为主，请尝试将下列人名转化成动态图像。

吴彩霞	张宇航	王才艺	肖雪莉	朱郡姚	刘雪	林铃
赵杨文	赵珊珊	江明	付飞	罗燕宁	邹炎	胡琴

点评：名字的记忆有两个步骤，先是需要将名字转化，然后再与人物特征联系起来。前文已经粗略讲了记忆人名时如何将名字和特征联系起来的方法，在江苏卫视《最强大脑》的挑战中，我们看到过选手倪梓强的“双胞胎连连看”项目，他快速地记住了32对同卵双胞胎的相貌，接着打乱顺序后再观察位置，挑战的时候再还原每一对双胞胎的位置。在这个挑战项目当中，虽然没有名字的记忆，但是面部特征的抓取是这个挑战能否成功的关键。

在日常交往中，并不是每一个人都有很明显的特征，因此需要细节观察，然后将**特征放大**。不仅发型、面貌、穿着、打扮是一个人的特征，甚至说话的风格、声音、性格、走路的动作等也都是可以抓取的特征。即使是大众脸，性格、声音都不突出，甚至没有一点存在感的人，我们也可以从平常不会注意到的细节进行观察，从眉毛、耳朵、耳环、项链等地方找到特点。从外形打扮方面来看，你或许会说："衣服经常会换，记住了这次穿的这身衣服，下次再换一身，名字和人不就又对不上号了吗？"确实会有这样的情况发生，但是可以从两个方面解决这个问题，我们可以在当天面部特征不明显的情况下先按照穿着打扮抓取特征来记忆，然后在交流的过程或者间隙中，再通过多次的观察将名字和面部特征锁定；第二个方面还是要从细节下手。

我曾经看过一部精彩的侦探片，里边有一集讲到有一个亿万富豪为了洗脱自己杀人的嫌疑，就请主人公侦探到家做客，富豪虽然话里话外各种显摆想表露出自己的经济实力以便洗脱嫌疑，但最后还是被这位侦探找到了疑点并破了案。疑点就是这位富豪的皮带，他与这位富豪有多次接触，虽然富豪每次都穿不一样的高档衣服，但是他却发现这位富豪每次都系同一条比较劣质的皮带，而从这个小细节他就推断出这位富豪其实经济实力并不好，故意的掩饰更说明有疑点，于是，他从收入开始调查，最后破了案。

这个故事虽然有一些片面性，但是我们可以从中看出，对于男同胞来说，大部分人不管穿什么衣服，皮带几乎都是不会换的，总而言之，我们的观察不能仅限于面部。记忆人名，当你在第一步把名字转化好以后，就应该把转化好的图像连接在桩上，而桩就是被提取的这个人的特征。所以，快速记住名字，其实靠的就是抓取特征的能力，名字的转化也同样靠的是抓取文字特征的能力。上述名字可以转化为：

<table>
<tr><td rowspan="2">吴彩霞</td><td>蜈蚣的身上画了道彩霞</td></tr>
<tr><td>五条彩霞</td></tr>
<tr><td rowspan="2">张宇航</td><td>张飞穿上宇航服在飘</td></tr>
<tr><td>章鱼在遨游宇宙</td></tr>
</table>

续表

王才艺	一只老虎翩翩起舞展示才艺
	一个多才多艺的大王
肖雪莉	削一个雪梨
	箫上串了个雪梨
朱郡姚	猪吃了一个菌以后不停地摇
	红色的菌在摇晃
刘雪	牛在滴血
	流血不停
林铃	树林里铃铛在响
	林子里挂满了铃铛
赵杨文	照射洋文教材
	照相机对着洋文教材照
赵珊珊	照相机对着闪闪星星照
	寻找星星
江明	江河在发光
	一块发光的姜
付飞	幸福地在天上飞
	蝙蝠在飞
罗燕宁	铜锣上有一个燕子图案，拧碎了它
	萝卜上刻了只燕子，拧碎了它
邹炎	一碗粥在燃烧
	粥里放了很多盐
胡琴	烤糊了的琴
	胡琴（直接使用）

动态、形状清晰、简洁是转化的要点，掌握这些要点后，请尝试转化下列名字：

蒋明丽	转化：①
	转化：②
王茜茜	转化：①
	转化：②
邓军	转化：①
	转化：②
李晓红	转化：①
	转化：②
陈诚	转化：①
	转化：②

在这一章里，我列举了各种实例对记忆术进行了具体地说明，虽然材料举不胜举，但是方法其实万变不离其宗。如果你认真地从第一章开始一直看到了这里，相信你已经成为了一位记忆高手。记忆术就像辅助我们大脑的一套武功，要想成为一流的高手，必须忘掉所有学会的条条框框，在实战中实践，在实践中提高，最后达到无招胜有招的境界。**学会方法而不要拘泥于方法，只要遵循发散、转化、动态、连接这四个步骤，任何复杂的内容都会被想象力这把利剑轻松击破。**

第七章

脑力竞技的世界

第一节　精彩的顶级赛事

我们为什么要运动？运动渗透在生命的每一个细胞中，血液在不停地流淌着，大脑也无时无刻不在运转，运动就是生命的意义，科学健康的运动能让我们的身体保持健康活力，能让生命像花朵一样精彩地绽放。

在各种和运动相关的竞技当中就有这么一项比赛，确切地说它比的不是肌肉的力量、不是反应的速度、不是身体机能的整体协调，而是记忆的速度，它就是世界脑力锦标赛（又称“世界记忆力锦标赛”），是一项与大脑运动密切相关的比赛。

与记忆术结缘是我一生难忘的美妙经历，我毕业于外语院校，接触到记忆术的契机也与外语有关系。那是一次与外教在外语角的交谈中，我们讨论到了单词的记忆方法，由于我自小对外语有着浓厚的兴趣，加上喜欢发散联想，因此背单词对我来说一点也不难。在如何记忆单词的问题上我就给他列举了很多我在记单词过程中总结的经验和技巧，比如重点记忆首字母、注意情景的再现等，我们相谈甚欢。离别的时候他向我推荐了一部日本NHK拍摄的纪录片《突破大脑极限——世界脑力锦标赛》，于是，我便踏上了推广记忆术这条精彩、奇妙的旅程。说它“精彩”，是因为它给我原来的工作带来了便利，让我更加出彩；说它“奇妙”，是因为通过与记忆术的相识，我的思维变得创新和灵活，心情也变得美妙。

第一次看完《突破大脑极限——世界脑力锦标赛》的时候，我的内心无比兴奋，纪录片里讲到的一些联想方法正是我用来记单词的方法，而展示记忆一长串无规律的数字，更是让我目瞪口呆，在纪录片的最后，中国选手王峰快速记忆扑克牌并取得了世界总冠军的一幕，我更是看了一遍又一遍。也许是出自我记单词的自信，或是我从小爱好美术、音乐的原因，我想到："我的爱好都很好地锻炼了我的右脑，我一定能学好记忆术！"就在第一次看完纪录片的当晚，我便兴奋地按照节目中介绍的方法为数字01～20编了数字编码，并在网上购买了相关书籍并开始了记忆术的自学之路。

我认为，判断记忆力的好坏还应该从记忆广度的角度来看，同一个人记不同类型的信息可能记忆效果并不一样。比如我记单词虽然很快，但是我记人名却相当困难。毕业以后我从事与旅游相关的工作，长期接触很多不同国家的客人并且要记住他们的名字和长相，这对我来说就是非常困难的一件事情，**原来"联想"并不是记忆术的一切，我还缺乏特征抓取能力的锻炼。**这也让我在后面记忆术的学习当中体会到，即使是记忆力比赛中非常厉害的选手，他也有相对擅长和不擅长的项目。

记忆术的学习是一件考验毅力和专注力的事情，我在网上买了人生第一本学习记忆术的图书《我最想要的记忆魔法书》，它的作者是世界脑力锦标赛的8次冠军的获得者，也是脑力锦标赛的发起人之一多米尼克先生，毫不夸张地说，这本书也是自学记忆术最好的图书之一。大部分想提高记忆力的人在初步了解了记忆术以后并没有付诸实践，即便看书懂得了记忆的技巧也深感记忆术的奇妙，但不付诸实际的锻炼一切都只是纸上谈兵。我在刚接触记忆术的一个月里，每次在公交车站等车的时候、在寒冬步行回家的路上、在出差奔波的途中，我都会利用无聊的闲余时间在大脑中一个又一个、一遍又一遍地回想数字编码。其实我最初的动机很简单，就是不想把时间浪费在玩手机上面。

也许是大学时期对外语的学习让我养成了良好的自学习惯，我在大量阅读了有关记忆术、心理学的图书以后，已经能在5分钟内准确无误地记住近100个无规律的数字，这无疑大大增加了我学习的热情，让我认为我所花的时间并没有白费！那时，我也有了一个新的目标，那就是将我记忆单词的技巧，用记忆术的原理系统地归纳出来，出版一本关于如何记忆外语单词的书，把这种有趣的记忆方法、学习方法介绍给更多的人。俗话说梦想如果不付诸于行动就是空想，我意识到我需要更专业地研究记忆术，至少我首先应该成为一个公认的记忆高手，就这样，我开始把目光投向了曾经在纪录片里让我无比向往的比赛——世界脑力锦标赛（World Memory Championships）。

这项比赛于1991年由“世界记忆之父”东托尼·博赞发起，是由世界脑力运动委员会（WMSC）组织的世界最高级别的记忆力比赛，也被称为“脑力运动的奥林匹克”。我在了解了比赛的大概流程以及比赛内容以后便慢慢地以兴趣为动力开始了记忆扑克牌的训练。扑克牌的练习是一个有趣的过程，我第一次尝试记忆一副扑克牌花了10分钟，当时我就在想：“如果能在5分钟内记住一副扑克牌那该多好啊！”于是我坚持每天记两次扑克牌，大概在断断续续练习了两个月以后，我已经能在5分钟内记住一副扑克牌，这时，我又想：“如果能在3分钟内记住一副扑克牌，那才算真正厉害吧！”就这样，这种循环式的自我激励让我持续了一年的训练，当然，这与最后参加比赛前真正的训练相比只能算是一种熟练的过程。在正式训练之前，我几乎没有中断过练习，只是每天练习不到10分钟而已。即使工作再累我还是坚持了下来，当我想放弃的时候我便这样激励自己：坚持就会有收获，间断一天就会和梦想永别。

从认识记忆术到深入学习并坚持练习，我已经坚持了一年半，在决定参加第22届世界脑力锦标赛以后，我便给自己制订了严格的训练计划，这时离国内选拔赛只有1个月的时间。梦想和空想就在一念之间，为了最初的想法我已经坚持了一年半，还有1个月就要站在比赛场上，为了不辜负前面所有的付出，现在必须付出更多才能让汗水开花结果，就怀着这样的想法，我开始了一天8个小时的训练。早上记忆2000个数字，午饭后做有关联想的训练，下午记忆20副扑克牌，晚上跑步，睡前再练习记忆扑克牌……我辞去了相伴7年的旅游工作，把所有的时间都投入到比赛的准备当中，很快，我踏上了去广州比赛的征途。

虽然顺利通过了选拔赛，但可能我对自己期望太高，自认为在选拔赛当中并没有发挥出理想的成绩。我明白了练习到一定程度以后，心态才是决定成绩的重要原因。为了冲刺2个月以后在伦敦举行的世界脑力锦标赛总决赛，接下来的训练当中，我把训练重点放到了心态的调整上。为了训练抗干扰的能力，我甚至到菜市场旁边去记牌，在人来人往的人行道上记数字，同时为了克服决赛时可能会出现的紧张，我把记忆术当作表演，在每一位亲戚朋友面前展示，现在回想起来，这些是让我内心更加强大的快乐回忆。2个月后我们中国代表队的十多个人登上了飞往伦敦的飞机。

有压力才有动力，有时候我们应该学会给自己施压。人生有时候就像温水煮青蛙，习惯了惯性就不会再主动想去改变，我很害怕自己成了温水里的青蛙，于是我有了一个梦想，也只有自己才能实现这个梦想。想起两年前自己第一次接触到记忆术时的新鲜感和兴奋劲儿，一心想着有朝一日能写一本关于如何高效记单词的书，为了让自己推广方法的时候更有说服力，我决定先让自己成为一名记忆高手，于是开始了先是靠兴趣、后来完全是靠毅力完成的无数个夜以继日的记忆力训练，想到这些，我更加燃起了斗志。在伦敦，三天的比赛既显得漫长又给人一种一晃而逝的感觉，由于时差的关系我状态很差，当时感觉整个比赛像一次马拉松，现在回想起来又觉得那段时光一晃而逝。正是因为当时遇到的一切困难，才会让我突破了自我局限，超越了自我。

比赛的第一天上午是人名头像记忆项目，结束以后我的大脑已经几乎处于缺氧状态，中午仅有一小时吃饭加休息的时间，下午接着又是一小时高强度的马拉松数字项目的比赛，于是我简单地吃了点面包，用α波音乐开始自我调节。在大脑运转缓慢的呆滞状态下，我勉强完成了下午一个小时的马拉松数字记忆，第一天的比赛总算结束了，我感觉无比的漫长，回到酒店便倒头大睡。第二天一早便公布了前一天的记忆成绩，庆幸，成绩显示我正确记忆了1480个数字，虽然没有达到平时练习的成绩，但也不算坏，我总算放松了心情。上午抽象图形比赛项目结束以后，我便和其他国家的选手聊起了记忆法，每一个国家的选手对记忆法的使用都有一些细小的差异，比如英国的选手在数字编码上采用的是3位数编码，那么从000～999就有1000个编码，所以他们需要花更多时间来熟悉编码，而中国和蒙古、印度等国家的选手采用的是2位数编码，日本选手用的是另外一种3D编码，即必须用人、动作、物品这样固定顺序的编码来记忆。由于头天晚上终于睡了个好觉，所以下午的一小时马拉松扑克牌记忆我也完成得很顺利。时间过得很快，一晃已经是第三天的下午了，最后一个比赛项目是快速记忆扑克牌，这是脑力锦标赛最刺激的项目之一，比的是看谁能在最短的时间内记住一副扑克牌，一共两次机会，选取分数较高的一次作为比赛成绩。为了保证成绩，我选择了稳妥的策略，最终用52秒完成了一副扑克牌的记忆，就在裁判和我对牌进行检查的时候，我已经胸有成竹了，我能百分之百确定我全部记对了，果然在对完扑克牌以后，裁判高兴地对我说道：“congratulations！”接着我走出了比赛现场，拨通了家人的电话，高兴但很平静地说了一句：“我成功了。”

第22届伦敦世界脑力锦标赛现场

“成功了”这三个字，我通过两年的坚持不懈来实现，我相信，每一个人每一次成功的背后，都有无数的汗水。这是一场脑力的比赛，同时也是一场毅力和恒心的比赛。脑力锦标赛的最精彩之处不在于它有多大的规模、有多少国家参与、有多少脑力精英来参加，而是在于，通过这个比赛，每一个人都能超越自我。它能锻炼我们的专注力，让我们学会持之以恒。

在看似平静的比赛场上却上演着一个个天马行空的故事，它就在每一个选手的大脑中，无限的想象力相互交织、碰撞，我们仿佛能感受到五颜六色的创造力在空气中流淌。比赛场上，每一位选手都在大脑中讲述着一个故事，那是一个以记忆力为主题，关于智慧、关于坚持、关于信念、关于梦想的故事。

第二节 突破记忆极限的经验谈

世界脑力锦标赛的10个项目分别是：

1. 抽象图形记忆（Abstract Images）
2. 二进制数字记忆（Binary Number)
3. 马拉松数字记忆（One Hour Numbers)
4. 人名头像记忆（Names & Faces)
5. 快速数字记忆 （Speed Numbers）
6. 历史事件记忆（Historic/Future Dates）
7. 马拉松扑克牌记忆（One Hour Cards）
8. 随机词汇记忆（Random Words）
9. 听记数字（Spoken Numbers）
10. 快速扑克牌记忆（Speed Cards）

我在2013年底，在自己的博客上分享过参加世界脑力锦标赛的一些经验以及练习时的一些注意事项，在此节选给正在为比赛而付出汗水或者对脑力锦标赛感兴趣的读者。

献给所有自学记忆术怀揣梦想的同人

（节选自我的博客）

我接触记忆术的时间不算长，2011年12月，机缘巧合，我在看到日本NHK关于2010年广州比赛的全程报道后对记忆术产生了兴趣，对荧屏上的中国选手们产生了无尽的敬佩和羡慕。他们能行我为什么不行？我一定也能成为和他们一样的人！于是我踏上了这条求知探索的漫长道路。

我的职业是一名外语导游，在接触记忆术之初并不像很多人一样有时间接受培训，我只能在网上搜罗与记忆术相关的资料开始自学。记得2011年12月，接触记忆术的第二个晚上，我激动地躺在床上开始编自己的数字代码，当天晚上我就从00编到了20，那时候的热情我至今难以忘怀。

自学和在一个有学习氛围的团队里大家一起学是有很大区别的。最初的一年我凭借浓厚的兴趣每天都坚持练习，但那时候的练习仅仅就是一天练十几分钟，以扑克牌为主，虽然每天都不间断，但练习时间很短。工作的时候我就会利用闲暇的时间，用自己事先胡乱写好的随机数字来练习。我真正开始投入练习应该是在2013年3月以后，那时我把工作由专职改成了兼职，这样我就有了很多空余时间可以专心地投入训练。我在我住所的墙面上贴满了数字和扑克牌，目的就是让自己的视野被这些数字充实，达到提高反应速度的效果。真正高强度的训练是在从7月开始的3个多月中。在参加8月的国内总决赛之前，我对自己充满了信心，当时我已经能达到快速记忆扑克牌40秒左右、快速记忆数字200以上、马拉松数字记忆1500左右的成绩。但期望越大失望越大，8月的国内总决赛上，我由于紧张发挥失常，受到了深深的打击。赛场上，高手和菜鸟之别就在于一念之间，好在通过比赛我积累了无比重要的经验。第一次比赛让我深刻认识到了自己在记忆术学习上的不足，以及之前每次练习犯的错误。后来我改正了那些错误的练习方法，稳定了成绩，最终实现了梦想。在此，为了让更多学习记忆术的同人少走弯路，我把自己由惨痛的教训换来的经验分享给大家，讲一下自学记忆术应该注意的要点。

方法因人而异，适合自己的方法就是最好的方法，我的观点仅供参考。

[1]　数字编码

在寻找编码的时候应该扩大类别，不一定要用谐音，只要是很有特点的物体都可以拿来为之所用，下面是数字代码里我觉得最好用的几个：

11—筷子（可以是两根黑色的筷子，也可以是两根黄红相间的金箍棒）

13—塑料口袋	27—绳子	25—锤子
33—炒菜锅	49—圣剑	53—气泡
57—双板斧	68—强光	74—挖掘机
75—火焰	84—蜈蚣	91—岩浆

00—锁链

为什么我会觉得以上的编码好用？因为它们的属性感很强烈。每一个编码一定要赋予它一到两种属性，一定要让它运动起来。类别不要拘泥，可以是小物体，也可以是大物体，还可以是自然现象，但是一定要有细节，所谓的细节就是属性。

比如：

11—筷子，筷子的属性是夹，连接地点和编码的时候有一个由夹住引起的形变；是金箍棒的时候可以是打下去，会留下棒状痕迹。

13—塑料袋，我赋予它的属性是双手拉伸去包住，你可以想象双手用力拉伸保鲜膜去包肉的感觉。

27—绳子，属性自然就是捆绑，或者是无数绳子无规律地缠绕在一起。

25—锤子，为了区别其他有冲撞属性的编码，我想象它锤下去后会留下圆形凹状痕迹。

33—炒菜锅，它是所有编码中最好用的一个，一口炒菜锅油烟四起，上下翻动爆炒。

49—圣剑，一剑插入。

53—气泡，在空中悬空飞舞。

68—强光，发出刺眼强光。

74—挖掘机，属性是挖。

75—火焰，可以是飞来的陨石，而且不单单是陨石，还是带火焰的陨石。

84—蜈蚣，蜈蚣有无数只脚，原地摆动。

91—岩浆，不停地沸腾翻滚。

00—锁链，沉重的铁链子捆绑物体。

总而言之，**代码就应该赋予它强烈的属性，一定要有细节，要运动**。打个比方，编码中的46—水牛，一整头牛如果你不细化，不为其赋予一个固定的属性，那就会影响记忆的正确率。你可以细化成牛头、牛角，赋予它一个牛角顶撞的动作，那么它就活了。所以，编码一定要是“活”的。

[2] 地点桩

我比较有信心的一点就是由于工作原因，中国很多景点都是我脑海里的地点桩，所以对于我而言，桩是足够多的。我在中国赛区参加完比赛之后很纠结的一个问题就是室内桩和室外桩哪个好？我也就这个问题问了其他选手，总结下来就是室内和室外没有太大区别，喜欢用哪个，因人而异。有的人90%的是室内桩，有的人90%的是室外桩，就像我一样。

地点桩要注意以下几个问题：

A.室外桩跳跃性不要太大，尽可能在视线能看到的范围内，比如一条桩上甲可以看到乙，乙可以看到丙，但丙不一定要看到甲。这样不容易漏掉地点，还原信息的速度也会更快。

B.相似性高的桩一定要在自己脑海里去改变它，如虚拟一些东西、改变它的形状等。比如一条桩上有两个地点都是大树，你可以让一棵大树树干变大，在另一棵大树上加个树洞，这样便于区别。

C.地点桩一定要有细节，要容易和数字编码产生动作，容易留下痕迹，这样才能有效地提高记忆的正确率，这一点非常关键。比如一张桌子，你不去细化它，它和编码发生动作的时候随意性就大，这样容易忘记。如果细化到桌子上的一条裂缝、一个棱角、一颗螺钉，那就能提高记忆正确率。

[3] 连接

我的方法是编码A连接地点和地点发生动作，然后编码B来和A发生连接，当然这是大原则，有时候也可能是AB一起和地点发生动作，（这里有一个大原则就好）然后固定一个顺序，比如B在A的上边一定。要有一个方位感。这样在回忆的时候就不会忘记谁在谁前面。当然这也是一个大原则，有时候有的编码上下一时不好联想，用前后来固定顺序也是一样的，或者顺着地点桩的移动顺序来放也行，但自己心里面事先要有一个这样的规定。

[4] 练习

自学记忆术会遇到一个非常大而且非常可怕的问题就是练而不总结！因为没有和队友一起交流，所以自己错在哪里，为什么错了，往往被忽略。其实练习后的总结才是提高成绩最关键的钥匙，这一点一定要注意！我以往的训练就是只记不总结，检查出错误后也没有深思，练扑克牌时也一样，错了就觉得是注意力的问题而没有深入找原因，这样是很可怕的，这会导致自己的水平不稳定，一紧张就会出现毁灭性的错误。所以应该重视每一次总结，对于自学记忆术来说，练习后不总结，记再多都是白练。

我们应该记下每次错误的编码、发生错误的地点桩，然后去分析错误的原因是编码不够细、不够运动？还是编码本身不够好？如果错的是地点，那是不是因为地点不够细、和其他地点相似度太高？是不是要改变一下地点、形状，或者赋予一些属性？如果每次都认真对待错误，那么正确率就会突飞猛进。

[5]　实战问题

一个人训练最难克服的就是比赛时的紧张，所以平时我会在不同的环境中练习，或是开着电视、放着电影，或是故意录一下突然发出的声音来锻炼自己的注意力。比如录1个小时的音频，期间不时有瞌睡声、擤鼻涕声、汽车喇叭声等。这是我在国内参加比赛时总结出来的，比赛当天我两边的选手都感冒了，快速记忆数字的时候不停地擤鼻涕，我的注意力就无法集中了，后来我用了上面的方法练习，一切问题都解决了。在英国的总决赛和在国内的比赛相比，其实国外的会更难，因为有时差、饮食、气候等各种因素的影响，但用上面的方法调整3个月后谁都能战胜这些困难。这样的方法让我在任何时候都能稳定发挥。在英国比赛的时候，由于时差关系头天晚上我只睡了3个小时，第二天比赛的时候，上午勉强撑过，到了下午的马拉松数字记忆的时候我的脑子完全呆滞，一点都没有平时练习时那种思维清晰的感觉，于是我靠着嚼口香糖强忍睡意只背了1480个数字。最后分数下来对了1440个，也就是说只错了一行，这要归功于“噪声”练习的方法。

[6]　总结

相信每一个自学记忆术的人都是怀揣梦想的人、懂得追求浪漫的人！从初识记忆术到付出汗水去练习，付出和努力让我实现了梦想。在梦想实现的那一刻，所有的付出、所有的坚持、所有的努力都开花结果了，我兴奋地湿润了眼眶。怀揣梦想很容易，但是坚持却是一个漫长而又无趣的过程。生命的长度我们无法改变，让我们增加它的宽度，让自己绽放，让自己活得更加精彩！就如同我们比赛的口号：挑战自我！超越极限！越挑战越精彩！

后 记

回想刚接到出版社的老师发来的写书邀请的时候，已经是两个月以前的事情了，当我们全神贯注地完成一件事情的时候，时间总是过得很快。首先，感谢出版社的各位同人，特别是郝珊珊女士，正是有了她的支持和信任才会有这本书的面世，才有了我与广大读者思想碰撞的机会。

我认为我是一个感性的人，一个感性的人要怎么写好一本理性的书？我翻阅了市场上几乎所有与记忆力相关的图书以后，决定换一个角度、换一种体验来写。若干年前，我在刚接触记忆术的时候曾经看过不少图书，我发现几乎所有的书都按记忆的各种方法来分类，当把整本书看完的时候我就有了两点疑问：一是，在我遇到实际问题的时候我该用哪种方法来记呢？二是，会不会是列举的记忆材料刚好可以用这种方法记，而我遇到问题的时候用同样的方法行得通吗？这两个疑问一直伴随了我很久。

我联想到外语教学仿佛也有类似的地方。语言本是一种特定区域人群的某种说话规律，老一辈的教育家通过实践和深入的研究将这些规律总结成文字，再通过教学传播开来。回想我上初中的时候，有这样的表述：“否定形式：am/is/

are+not，此时态的谓语动词若为行为动词，则在其前加don't，如主语为第三人称单数，则用doesn't，同时还原行为动词”，这句话虽然意思很简单，但确实存在一部分搞不懂外语的学生，他们觉得外语课太枯燥，于是便开始开小差，脑海里自己已经飞到了九霄云外，我就是这类人。我曾经是一个放弃学习外语的人，但最后却考入了外语院校，在大学的学习中，我还拿到了奖学金、加入了中国翻译协会、取得了外语专业八级的证书、参加了全国的演讲比赛，最终，我重拾了对外语的兴趣。我想，这都归功于我记单词的方式吧，我将想象力用到记忆上的时候发现，比起死记硬背，联想不但不容易忘记，还能让整个学习过程快乐起来，在整个大学四年，这样的快乐就一直伴随着我。我丝毫不否定老一辈教育家的外语教学方式，那样的教学根基扎实，在掌握了基础理论后要提高也是非常快的一件事情，但是从现象上来看，确实有部分语法考高分的人只重视形式，忘记了目的，无法说一口流利的外语。

现在比较提倡语感式教育，自然拼读英文，记忆术的学习也有类似之处，能说是我们学习外语的目的，同样，记而不忘就是我们学习记忆术的目的。我想，如果先打通思路，再结合大量的实例训练，把所有的方法揉到一起讲，会不会有不一样的体验呢？于是，针对我这种类型的人，我就按我的方式，写了这本记忆力的书。

持之以恒是我在记忆术的学习当中更大的收获，我感激父亲曾对我说过的一句话：“事业就像挖井的过程，如果浅尝辄止，挖得再多都只是干枯的窟窿，如果朝着一个地方努力挖，一旦挖到泉水将会有涌泉相报。”

在这趟与记忆术相知相识的美妙旅程中，我结识了很多朋友、前辈、老师，我和每一期的学员在课堂上的欢声笑语都是我这趟旅程中最美好的回忆。在提高记忆力的过程中，不但可以收获满满的智慧，还能收获自信、坚持、快乐以及超越自我的精神。

感谢您的阅读！

α波引导冥想1

α波引导冥想2

α波引导冥想3

《出师表》 吴帝德.2015.10.5

形式
- 时局
  - 不利
    - 天下三分、益州疲弊
    - 危急存亡
  - 有利
    - 侍卫·忠志
- 劝勉
  - 诚宜
    - 开张圣听
  - 不宜
    - 妄自菲薄

法度
- 平等
  - 陟罚臧否，不宜异同
- 分明
  - 不宜偏私

用人
- 宫中
  - 郭费董→裨补阙漏
- 营中
  - 向宠→行阵和睦
- 原则
  - 亲贤臣远小人
  - 论据
    - 先汉兴隆、后汉倾颓
    - 先帝叹息、桓灵
  - 结论
    - 侍中、尚书、长史、参军→亲之信之

出师
- 承诺
  - 不效，治罪
  - 以彰其咎
- 分工
  - 攸之、费、允之任
  - 报先帝、忠陛下
- 目标
  - 北定中原→兴复汉室
- 准备
  - 南方已定，兵甲已足
- 受托
  - 寄臣以大事
  - 夙夜忧叹，恐托付不效

回顾
- 缘由
  - 臣本布衣→三顾茅庐→遂许
- 时机
  - 败兵之际、危难之间
- 时间
  - 尔来二十有一矣

策划编辑：郝珊珊 65634221@qq.com

封面设计：视觉传达

图解 超实用的

记忆技巧

Q1 秒记单词damage的拼写和词义

damage 破坏

超级记忆：dama大妈-ge歌——大妈的歌声极具破坏力

Q2 牢记农历三月的节气有惊蛰和春分

首先对三个关键词做发散和转化。

三转化为数字密码“大象”，惊蛰同音转化为“镜子”，春分同音转化为“吹风”

再将它们连接起来“大象用鼻子戳破镜子后对着吹风”

Q3 想象一幅画面，牢记元素周期表前10位元素

掰开青椒（氢）涌出来海水（氦），海水冲出很多鲤鱼（锂），每一只鲤鱼都被皮带（铍）捆得死死的，一只大鹏（硼）飞来，抓住皮带就飞走了，它在天上往地上吐痰（碳），硕大的痰砸下来砸到鸡蛋（氮）上，鸡蛋碎了钻出来一只羊（氧），用斧（氟）子劈羊，斧子沾满了鲜奶（氖）。

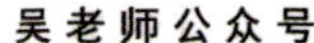

吴老师公众号

学习中如遇到问题，请发邮件到24853053@qq.com，我将尽力为你解答。

上架建议：高效学习/记忆

ISBN 978-7-5180-5049-9

9 787518 050499 >

定价：48.00元